KB270082

우리는
지구별
어디쯤

스물셋, 아프리카 60여 일간의 기록

우리는 지구별 어디쯤

초판 1쇄 | 2015년 12월 10일
초판 2쇄 | 2016년 7월 7일

지은이 | 안시내

발행인 겸 편집인 | 유철상
책임편집 | 홍은선
디자인 | 주인지
교정 · 교열 | 홍은선
마케팅 | 조종삼, 조윤선

펴낸 곳 | 상상출판
주소 | 서울시 동대문구 정릉천동로 58, 103동 206호(용두동, 롯데캐슬 피렌체)
구입 · 내용 문의 | **전화** 02-963-9891, 070-8886-9892 **팩스** 02-963-9892
이메일 cs@esangsang.co.kr
등록 | 2009년 9월 22일(제305-2010-02호)
찍은 곳 | 다라니

※ 가격은 뒤표지에 있습니다.

ISBN 979-11-86517-42-0(13980)

www.esangsang.co.kr

스물셋, 아프리카 60여 일간의 기록

우리는 지구별 어디쯤

안시내 쓰고 찍다

상상출판

Pole Po
KILIMA
OLYMPUS

MOUNT KILIMA
CONGRATULAT
YOU ARE NOW
UHURU PEAK, TANZANIA, 58
• AFRICA'S HIGHEST
• WORLD'S HIGHEST FREE S
• ONE OF WORLD'S LARGEST
• WORLD HERITAGE AND W
EXTREK

JARO
NS
/19341Ft AMSL
OINT
ING
N

MOUNT KILIMANJARO
CONGRATULATIONS
YOU ARE NOW AT
UHURU PEAK TANZANIA 5895M 19341FT
AFRICA'S HIGHEST POINT
WORLD'S HIGHEST FREE-STANDING MOUNTAIN
ONE OF WORLD'S LARGEST VOLCANO
WORLD HERITAGE AND WONDER OF AFRICA

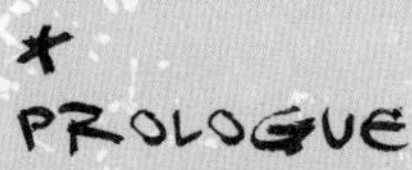

PROLOGUE

꿈은 내가 이루는 것에서 끝나는 것이 아니라
내 꿈을 누군가와 공유했을 때
그 꿈은 또 다른 이의 꿈이 될 수 있다.

스물세 살, 어른이고 싶어 하지만 아직 철부지인 나에게 여행이란 그저 나를 위한, 내 상처를 치유하고 새로운 세상을 엿보는 하나의 도구였다.
스물둘, 나를 위해 떠났던 이기적인 여행에서 비로소 나의 부족함을 인정하며 스스로를 사랑하게 되었고, 여행의 막바지쯤에는 세상의 부분 부분이 눈에 들어오기 시작했다. 세계 곳곳의 가난한 나라를 누볐던 나는 여행에서 돌아와 인도를 그리고, 아프리카를 곱씹었다.

초롱초롱하던 아이들의 맑은 눈이, 지저분하게 먼지 묻은 얼굴과 대조되는 흰 이가, 붙잡았던 손의 온기와 다 해진 신발 밖으로 삐져나온 발가락이 두 눈에 감돌았다.

고작 집이 가난하고, 키가 작고, 뭐 하나 잘하는 것이 없다는 이런 저런 핑계로 꿈을 멀리했던 나였다. 그러나 꿈을 꿀 수조차 없이, 학업 대신 구걸을 해야 하는 그들의 앞에선 지독한 사치이자 치기 어린 투정일 뿐이었다.

그들이 한 번이라도 반짝였으면 좋겠다고 생각했다.
한 번이라도 자기가 살고 있는 세상 밖에 무엇이 있음을 알고, 또 그들이 좋아하는 걸 할 시간이 필요하다고 느꼈다. 그러나 스물둘의 나에겐 그들을 위해 할 수 있는 것이 아무것도 없었다. 그저 한 발짝 떨어져 바라본 그들의 삶을 글로 담아 사람들에게 전달할 뿐이었다.

그렇게 하릴없이 여행이 끝난 후 나는 다시 학교로 돌아가 일상을 살아가고 있었다.
그러던 어느 날, 문득 나는 깨달았다. 여전히 도전하고 있지 않다는 것을, 또 포기하고 말았다는 것을. 그러한 생각이 들고 나니 돌아온 나의 삶이 더 이상 행복하지 않았다. 그때부터 복지 단체의 문을 기웃거리고, 기부 단체에 자문을 구했다. 또 공정여행가들의 블로그를 살펴보며 내가 할 수 있는 것으로 그들을 도울 수 있는 방법을 찾으려 했다.

그리고 결심했다.
이제 나만을 위한 여행이 아닌, 우리를 위한 여행을 해보자고.

정말 땡전 한 푼 없던 나는 '크라우드 펀딩(자금이 없는 예술가나 사회활동가 등이 자신의 창작 프로젝트나 사회 공익 프로젝트를 인터넷에 공개하고 익명의 다수에게 투자를 받는 방식을 말한다)'이라는 어둠 속의 한줄기 빛 같은 존재를 알게 되었다.

그렇게 머리를 끙끙 싸매며 기획하게 된 게 바로 이번 프로젝트이다.

Everyone is someone's dream!

대중들로부터 아프리카 여행 자금을 조달 받고, 나는 그들에게 내가 할 수 있는 것들을 베푸는 것이다. 처음으로 내가 그림을 그릴 줄 안다는 것에 참 감사했다. 후원자들을 그린 티셔츠를 입거나, 혹은 스케치북에 그들의 얼굴과 좌우명을 담아서 아프리카를 여행했다. 그리고 아프리카의 구석구석을 솔직하게 기록했다. 여행을 하지 못하는 사람들을 대신해 미지의 세계에 갇힌 또 다른 삶 속 이야기를 들려주고 싶었다. 그 이야기들을 모아 책으로 내고, 이 책의 인세 전부를 다시 아프리카에 기부하기로 했다.

나도 만족하고, 보는 사람들이 함께할 수 있으며, 내가 여행한 나라의 이들 또한 행복할 수 있는 그런 나만의 공정여행. 혼자서 준비하기에는 어렵고 복잡한 일이었지만 내가 함으로써 나를 바라보는 누군가도 이러한 시도를 하고, 또 그렇게 공정여행이 번지진 않을까 해서 더욱더 노력했다. 왜 꿈은 내가 이루는 것에서만 끝나는 것이 아니라 그 꿈을 공유하면 나의 꿈이 또 다른 이들의 꿈이 될 수도 있다고 하지 않은가. 가슴이 끓었고 도전하고 싶었다. 내 작은 마음이 누군가에게 빛이 될 것을 기약하며. 전체를 구하진 못할지라도 누군가에겐 그것이 전부가 될 수 있다는 마음가짐을 떠올렸다.

그렇게 나는 200명가량의 따뜻한 마음을 품에 가득 안은 채 검은 땅 아프리카로 떠났다. 설령 그것이 아주 미약한 빛일지라도 세상을 조금이라도 따뜻하게 데우길 바라며. 서투르고 조악하지만 진심이 깃든 내 글이 조금이라도 사람들에게 닿기를 바라며.

UP IN THE AIR

어느새 조금은 어른이 되었나 보다.

여행의 처음은 설렘과 두려움으로 차 있는 법인데

나는 자꾸만 두고 온 것들이 아른거린다.

여행을 떠날 때 필요한 용기란

가진 것들을 내려놓고 떠나올 용기라고 했다.

그렇다면 나는 제대로 용기 부족이다.

한국에 두고 온 내가 놓칠 것 같은 일들을 생각하니

그냥 얌전히 학교를 다니던 몇 달 전이 너무나 그리웠다.

뒤처질까 봐 조마조마한 내 모습에 용기는 더욱더 사그라졌다.

과연 떠나온 게 맞는 걸까?

24만 원을 주고 산 떨이표로 무려 42시간을 날아가야 했다.

눈을 감자. 그리고 상상해보자.

내가 웃고, 또 내가 만난 이들이 웃는 모습을.

그러자 마음이 한결 편해졌다.

나는 스르르 잠이 들었다.

++

IN SEYCHELLES

세이셸,
마다가스카르 옆에 자리한,
지도에도 잘 보이지 않는 작은 섬을 경유한다.
주어진 시간은 딱 18시간.

모든 게 비싸다는 이곳.
몇 푼 아끼려 지나치기에는
공항에서부터 바로 보이는
에메랄드빛 바다가 눈에 아른아른한다.

그런데 정말로, 눈부시게 아름다운 바다보다
그 앞의 화려한 리조트보다

해변가의 작은 그네에서 밧줄을 잡던
네 작은 손.
신기한 듯 카메라에
들이미는 네 순수한 눈빛이 더 좋다.

CONTENTS

다시, 여행

검은 천사들의 나라

남아프리카공화국

◆◆◆ 북아프리카만 여행한 나에게 남아프리카는 미지의 땅이었다. 정보를 찾고 조언을 구하며, 공부하고 또 공부했지만 머릿속엔 이미 남아프리카에 대한 편견으로 가득했기 때문에 아무리 남들이 괜찮다고 해도 안심이 되지 않았다.

세이셸을 거쳐 만나게 될 첫 번째 여행지는 남아프리카공화국. 아프리카 중에서도 케냐와 더불어 가장 악명 높은 곳이었는데, 그곳이 첫 여행지라고 생각하니 두려움은 점점 더 커져만 갔다.

그런데 여행을 준비하는 도중 뜻밖의 좋은 일이 생겼다. 인도를 여행할 때 만난 남아공 친구가 자신의 집에 머물러도 된다고 한 것이다.

비교적 관광지화된 남아공에서는 관광명소를 찾아다니며 여행하는 이들이 많은 편이다. 때문에 아프리카의 삶 속에 스며들어 여행하는 것도 좋을 것 같다는 생각이 들었다. 두려움을 반쯤 내려놓은 채 드디어 아프리카 남쪽 끝의 땅을 밟았다.

이곳은 남아공 루스텐버그 외곽의 조용한 동네.

여행지에서의 인연이라는 것. 헤어짐이 예정되어 있기에 이름도 모른 채 스쳐 지나가기도 하지만 또 어쩔 때는 하루를 보더라도 왠지 모를 진득함이 남아 있는 사람도 있다.

기억을 되짚어간 곳에서 만난 스튜어트는 나보다 30cm도 훌쩍 넘는 큰 키에 조금 벗겨진 금발머리를 가진 친구였다. 덩치도 엄청 큰 친구가 지나가는 강아지를 무서워해서 내가 상당히 귀여워했던 기억이 떠오른다.

그렇게 스쳐 지나갈 뻔한 스튜를 한 달 후 다른 도시에서 다시 만났다. 그때는 그의 부모님과 여동생, 여동생의 남자친구까지 함께였고, 짧은 시간 동안 차를 마시며 그의 가족들과 수다를 떨었다. 그와 그의 가족이 남아공 사람인 건 알았지만 그는 불과 몇 주 전까지만 해도 여전히 여행 중이었기 때문에 다시는 볼 일이 없을 줄 알았다.

그런데 그가 몇 주 전 향수병에 걸려 남아공으로 돌아왔다며, 내가 아프리카에 간다는 소식을 듣고는 심심해 죽겠는데 잘됐다는 말과 함께 자신의 집에 머무르라며 흔쾌히 나를 초대했다(무척, 지루한 동네라는 말도 덧붙여서).

요하네스버그 공항에서 스튜의 차를 타고 장장 2시간을 달려 마주한 그의 집은 이탈리아에서 카우치 서핑을 했을 때의 호스트 집과 흡사했다. 푸른 세상, 농장과 밭이 있는 넓은 정원을 가진 동화 같은 집, 그리고 따스한 가족. 화려한 요하네스버그나 유럽 느낌의 케이프타운보다 좀 더 매력적으로 다가왔다.

"네 가이드가 되어 줄게. 남아공에서 뭘 하고 싶어?"
"음, 나는 여기 있는 동안 네 삶을 살아 보고 싶어!"

동화 같은 집, 초등학교 선생님인 엄마, 소설가 아빠, 홍콩에 사는 여동생,
학교를 다니지 않고 요리를 하는 열여덟 살 막내 여동생 그리고 세계 여기
저기를 떠도는 스튜까지. 어떻게 궁금하지 않겠어. 그렇게 남아공에서의
일상이 시작됐다.

빛나는 레베카

"레베카는 진짜 하루 종일 요리 이야기밖에 안 해. 내 동생이지만 진짜 특이해."
"그게 왜?"
"그게, 진짜 요리 이야기밖에 안 해. 이따가 들어 봐. 내 말이 무슨 말인지 알게 될 거야. 요리사가 꿈인데, 걘 진짜 요리 이야기밖에 안 하거든."

사람들과 교류하는 것을 힘들어한 스튜의 막내 여동생 레베카는 학교를 그만두었다. 그리고 하고 싶은 걸 하며 산다고 했다. 아, 여기는 그게 되는구나. 사람 눈을 잘 마주치지 못하는 레베카는 요리 이야기를 할 때만 눈을 반짝이며 이야기한다. 그럴 때면 그 눈망울이 너무나 맑아서 괜히 그녀의 눈을 마주하기 힘들어진다.

나는 온종일 그녀의 곁에서 세상의 맛있는 요리들과 유명 셰프들에 관한 이야기를 들어야 했다. 정말이지 온종일. 썩 나쁘지 않았다. 정확히 무슨 말을 했는지는 잘 기억이 나지 않지만 자꾸만 미소가 나왔다. 그저 열여덟 살 소녀의 눈에서 뿜어져 나오는 맑은 열정을 계속해서 바라보았다.

다음 날은 요리를 하는 동안 붙잡아 놓더니, 또 다음 날은 나를 참여시키더니, 그리고 또 다음 날은 한국 요리를 알려 달라고 했다. 요리 문외한이지만 요리를 말할 때마다 반짝반짝 빛나는 그녀가 너무나 예뻐서 괜히 요리를 좋아하는 척 말을 건다.

"레베카, 오늘도 네 요리는 최고야."

Rebecca, your cook is fantastic as always!

비

루스텐버그의 날씨는 이상하다.
온종일 뜨겁다가 갑자기 비가 내리곤 한다.

"잠시 밖에 나와 봐! 보여줄 게 있어."

밖으로 나가니 옅은 비가 흐드러지고 있다.
키가 엄청나게 큰 나무들이 비바람에 흔들린다.

"자, 이제 냄새를 맡아 봐."

한국에서는 비 오는 날을 지독히도 싫어하는 내가
괜히 맨발로 마당에 나가 나무 사이를 뚫고 들어오는 빗방울들을 쳐다본다.
손을 뻗고는 코를 하늘에 박고 킁킁거린다.
아, 이곳이 좋다. 그냥.
아니면 그냥 여행 중의 내가 좋은 걸까?
여행을 떠날 때마다 나는 괜히 낭만적인 사람이 되고는 한다.

또, 비

스튜와 야생동물 보호구역에 갔다. 정말로 야생동물들이 사방에 있었다. 가는 길에 비가 왔다. 정확히 말하면 비가 왔는지 아닌지 모르겠다. 비구름이 낀 부분만 정확하게 비가 왔다.

집으로 돌아와 레베카가 해주는 맛있는 저녁을 먹으며 있었던 일을 이야기한다.

"오늘 사파리 어땠니? 무얼 봤어?"
"비요, 비를 봤어요!"

아이들

스튜의 엄마네 학교에 갔다.
우리의 어린 시절 외국인 선생님들이 그랬던 것처럼 나 역시 오늘의 인기
스타.

베이비시터 경력 2년, 아이들은 나를 신기해하지만 어려워하지는 않는다.
한 아이가 나를 붙잡는다.

"언제 또 와요?"
"내년에 다시 올까?"
"안 돼요, 너무 늦어."
"너, 언제 봤다고. 벌써 내가 좋구나?"

"선생님은 왜 여기저기 돌아다녀요?"
"음, 글쎄. 나는 여행을 좋아하는 것 같아."
"우리 아빠 같아."
"너희 아빠는 참 좋은 사람이구나."

아이는 배시시 웃으며 손을 흔들어 준다.

뱃살 (⊗)

이빨이 토끼처럼 두드러진 작은 꼬마 소녀가 다가와 날 끌어안는다. 팔을
두른 곳은 고작 배꼽쯤. 친구들 중 제일 작다. 어렸을 때의 나도 토끼 이빨
을 가진 만년 1번이었는데 말이지.
조그마한 턱이 배꼽 근처, 평소에는 제발 사라져 버렸으면 했던 나의 뱃살
에 묻힌다.
친구들은 종종 내 배에 누워 있으면 그렇게 기분이 좋다고 했지.
꼬마는 느낌이 좋은지 턱으로 콕콕 배를 어루만진다.

음, 기분이 나쁘지 않아.

토익 350점,
나는야 언어의 마술사

스튜가 요하네스버그로 가자고 했다. 그는 지루한 루스텐버그를 떠나고 싶어 했다.

공항에서 루스텐버그로 가는 길에 차창 밖으로 보았던 요하네스버그. 그곳에 스튜의 친구 라미가 산다고 했다. 작은 수영장과 정원이 있는, 낡고 아름다운 집에 사는 라미. "동화에 나오는 어린 소녀의 이름 같아." 내가 스쳐 지나가며 본 요하네스버그는 회색 아니면 탁한 금색이 떠오르는 매캐한 도시의 느낌이었는데, 스튜가 말하는 낡고 아름다운 집이 어쩐지 상상이 가지 않았다.

배낭을 싸고, 스튜의 가족들과 짙게 껴안았다. 레베카하고는 더 진하게. 차를 타고 요하네스버그로 가는 길, 신기하게도 동화 속 마을 같은 곳들이 나타나기 시작했다. 집 담장 위로 쳐져 있는 전기 펜스들이 거슬리긴 했지만 말이다. 차를 끌고 초록색 대문이 있는 집으로 들어갔다. 차고에 차를 대고 내리니 넘치는 햇빛이 나를 따라 움직였다. 그리고 눈앞에 라미를 비추었다. 백설기처럼 하얀 피부에 큰 키, 갈색의 쇼트커트 머리와 갈색의 뿔테 안경은 '라미'라는 이름과 다르게 이지적인 느낌이 들었다.

"안뇽하쉐요. 시내야, 반카워요."

어색한 한국말로 나를 반기는 라미는 한국에서, 아니 그것도 내가 태어난 김해의 한 중학교에서 2년간 영어를 가르쳤다고 했다. 한국어는 못하지만 김치찌개와 된장찌개를 즐기는 정도.

라미는 안으로 초대하며 집 구경을 시켜 주었다. 기분 좋은 산만함이 감도는 이 집의 향기가 좋았다. 첫 번째로 향한 곳은 요하네스버그에서 이틀 동안 머물 '우리'의 방. 글쎄, 라미는 내가 스튜의 여자 친구인 줄 알고 방을 하나만 준비했단다. 우리는 말도 안 되는 소리 말라며 크게 한 번 웃었고, 라미는 내 짐을 자신의 방으로 옮겨 주었다. 데굴데굴 구르는 잠버릇이 있는 내가 아무리 구른다고 해도 옆자리 라미에겐 닿지 않을 법한 커다란 침대가 나를 반겼다.

라미가 두 번째로 소개한 곳은 화장실이었다. 낡고 아름답다는 스튜의 표현에 걸맞게 멋진 욕조와 그 앞의 넓은 창 그리고 창밖에는 수풀들이 뒤덮여 있었다. 이곳에 있는 욕조에서 몸을 씻으면 숲 속의 선녀가 될 것만 같은 그런 느낌이 드는 곳.

"난 네 집에서 화장실이 제일 좋아!"라고 말하자 라미는 "그건 아닐 거야."라고 말한 후 나의 손을 잡아 정원이 있는 바깥으로 이끌었다. 조그마한 돌계단을 밟고 올라서니 초록빛으로 가득한 작은 정원에 핑크빛, 노란빛, 다홍빛, 색색의 꽃들이 고개를 빼꼼히 들고 있었다. 서툴고 다정하게 손질되어 있는 정원이 너무 예쁜 나머지 탄성과 함께 머릿속에서 정리되지 않은 말을 내뱉었다.

"I have never met this beautiful flowers before!"

영어 한마디 내뱉는 것도 끙끙 앓던 난, 그렇게 싫어하던 영어를 길 위에서 배워 갔다. 여행자들에게 얻어낸 마음에 드는 문장에서 단어만 바꾸어 계속 써 갔다. 그러한 표현에 집착하다 보니, 아차! 꽃을 본 거면 'seen'이

라고 표현해야 하지 않을까? 'met'은 '만났다'인데… 하필 영어 선생님인 라미 앞에서 실수를 하다니.

그렇게 생각하던 찰나, 라미는 옆에 있던 다홍색의 꽃보다 밝은 미소를 지으며 말했다. "오! 시내, 나는 너처럼 사랑스러운 영어를 쓰는 사람을 만난 적이 없었어! 꽃을 본 게 아니라 만나다니, 이거 너무 사랑스러운 표현이 잖아. 정말이지, 시 같은 표현이야. 네가 정말 좋아." 라미는 나를 꼭 껴안 았다.

문득 1년 전 무턱대고 떠나온 여행에서 스튜와 있었던 일이 떠올랐다. 인도에 있던 나는 숙소에서 체크아웃을 해야 했지만 홀리축제를 즐기 기 위해 배낭을 맡기고 싶었다. 하지만 그 말을 하는 것조차 나에게는 매 우 힘든 일이었다. 사전으로 열심히 뒤적이며 찾아낸 '보관하다'란 단어 'deposit'을 이용해 열심히 문장을 만들어 갔다. 그렇게 한참이 걸렸을 거 다. 그리고 메시지를 보냈다.

_Stew, Can I deposit my baggage in your room?
해석하면 찌개야, 내 짐을 네 방에 저축해도 되니? 정도 될까.

다음 날 스튜는 친구들에게 이 이야기를 하며 시내의 영어는 정말로 신기 하다며 놀려댔다. 얼굴이 붉게 달아올랐다. 그런 나를 보더니 스튜는 다시 말을 꺼냈다.

"하하. 시내, 영어를 어렵게 생각하지 마. 네가 아는 가장 쉬운 단어만 써도 되니까 말이야. deposit 대신에 put을 써. 전혀 어렵게 생각할 필요 없어.

그리고 지금 이대로도 네 영어는 귀엽고 괜찮아. 틀리면 계속 알려 줄 테니 걱정 말고 편하게 말해.”

그 후로 나는 틀리거나 서툴거나 잘 모르는 단어에 손짓발짓을 더해 가며 영어를 배워 갔다. 내 바보 같은 영어가 남들에게는 즐겁게 들린다니. 영어 한마디를 못해 벌벌 떨던 내가 뻔뻔하게 영어권 친구들과 수다를 떨기까지의 과정들이 스쳐 지나갔다. 몸으로 부딪혀온 세상들이 더욱 사랑스럽게 느껴졌다. 물론 영어는 여전히 서툴지만 말이다.

우리는 수영장 앞에 놓여 있는 선베드에 누웠다.
라미는 밀크티를 타왔다. 한국에서 온 지 얼마 안 돼서 쉬는 중인 라미와 세 번째 인도 여행을 다녀온 지 얼마 안 돼서 역시 쉬는 중인 스튜, 그러니까 라미, 스튜, 나 이렇게 세 명의 백수는 초록 풀잎 사이를 파고드는 햇살을 느끼며 이야기를 나누었다. 다음 직업으론 뭘 하지, 한국에 다시 가고 싶다, 오늘 저녁은 어디서 먹을까. 시시껄렁한 이야기들의 3분의 1은 알아듣지 못했지만 상관없었다.

그날은 참으로 따사롭고 아늑한 날이었다. 오후 5시. 셔츠에선 스튜네 집 섬유유연제 향기가 배어났고, 멀리서 풍겨 오는 꽃향기와 밀크티의 쌉싸름한 향이 뒤섞여, 밀폐되지 않은 요하네스버그의 뜨뜻미지근한 공기 중을 이리저리 헤엄쳤다. 그 한가운데서 나른한 수다를 떠는 우리. 더할 나위가 없었다.

담 위로 보이는 저 전기 펜스만 빼면 말이다.

아니, 정확히 말하면 나는 이제야 여행을 떠날 준비가 되었다.

남아공에서의 소소한 일상들. 매일 밤 열린 작은 파티는 즐거웠고, 풀냄새는 향기로웠다. 둥둥 떠다니던 내 마음의 조각들은 이곳에서 하나둘씩 맞춰져 갔다.
이제 떠날 때가 되었다.

함께하는 여행이란 참 즐겁다. 좋은 풍경을 함께 나눌 수 있고 힘든 것도 반으로 나눌 수 있다. 아니, 사실 둘이서 함께라면 딱히 힘든 것도 없다.
정말, 정말이지 좋지만 혼자일 때와 달리 천천히 걷기가 힘들다. 길 위의 것들과 또 다른 인연들을 천천히 누비고 싶어라.

길을 잃어도 걷다 보면 길이 보인다더니, 다시 사람 냄새가 잔뜩 맡고 싶어졌다. 케이프타운을 거쳐 나미비아, 짐바브웨, 잠비아로 가려던 루트를 모조리 수정하기로 했다.
직감. 끌리는 곳에 길이 있다. 지금은 멋진 풍경보다 사람을 만나고 싶다. 정제되지 않은 사람들에게 깊은 갈증을 느낀다.

나는 때 묻지 않은 나라로 알려진 스와질란드와 모잠비크로 향할 것이다.
역시, 내 여행을 해야 행복하다. 갈피가 조금씩 잡힌다.

또 어떤 사람이 나를 기다릴까.
이제야 조금 두근거리기 시작한다.

끝없는 자연의 향연

스와질란드

◆◆◆ 남아공에 둘러싸인 작은 왕국 스와질란드.
스와질란드를 방문한 여행자가 적은 탓인지 정보를 구하기가 힘들었다.
그러게, 왜 괜히 루트를 바꿔 가지고는.

블로그에서 찾은 정보에 의하면 스와질란드로 가는 법은 미니버스를 타는
방법과 여행자들을 위한 바즈버스를 타는 방법이 있는데, 후자는 비행기
가격과 맞먹어서 미니버스를 타기로 했다. 미니버스를 타기 위해서는 요
하네스버그 파크 스테이션으로 가야 했다. 악명이 무시무시한 곳이라 겁
이 났지만 아직 스튜와 함께라는 사실이 마음을 편하게 했다.
사람이 모여야 출발하는 버스이기에 한참을 기다렸다. 어느새 사람들이
모이고, 이젠 정말 떠날 때가 되었다. 잡상인들이 무엇을 사라고 계속 주
변을 어슬렁거렸지만 우리는 이별을 준비함에 여념이 없었다. 스튜는 계
속해서 나를 걱정했다.

"시내, 무슨 일이 있으면 꼭 메시지 줘야 해. 꼭!"

The Mall
EMBALENHLE

나이 체계가 없는 곳이라지만 스튜는 여섯 살 어린 나를 정말 친동생처럼 챙겨 주었다. 내 품에 숨겨 놓은 호신용 스프레이보다 든든했다. 미니버스 정류장에 가서도 같은 버스를 타는 스와질란드 아주머니에게 나를 잘 좀 챙겨 달라고 부탁에 부탁을 거듭하는 모습을 보고 괜히 마음이 울컥했다. 너무 정이 들어버려 집을 떠나는 기분이었다.

좁은 미니버스에 아주머니 세 분과 함께 앉으니 다리에 피가 통하지 않아 금세 쥐가 났다. 하지만 오후가 될 때까지 버텨야 했다. 아주머니들은 끔뻑끔뻑 조는 내게 어깨를 내주기도, 옷에 흘린 과자 부스러기를 떼어 주기도 하며 그렇게 스와질란드 국경에 도착했다. 여행을 다닐 때 항상 저가항공을 이용했기 때문에 버스를 이용해서 국경을 넘는 것은 처음이었다. 그것도 이렇게 좁아터진 버스는.

옆에 앉은 인상이 상당히 사나워 보이는 여자는 내 손을 붙잡고 잘 따라오라며 자신의 몸집의 반 정도 되는 나를 이끌었다. 수십 가지의 질문을 하면서. 아마도 낯선 동양인이 신기했나 보다.

"몇 살이야?"
"스물세 살."
"맙소사, 애잖아! 스와질란드에는 왜 온 거야? 여기 살아?"
"아니, 여행 왔어."
"혼자서? 아빠는? 엄마는?"
"집에…."
"맙소사, 전부 다 두고 온 거야?"
"그런 셈이지? 하하."

어디로 가니, 왜 가니 등등 쏟아지는 질문을 받고 나니 입국심사도 금세 끝나고 버스는 다시 힘차게 달려 나갔다.

내가 갈 곳은 마차파. 수도인 음바바네와 종착지 만지니의 중간에 있는 작은 마을. 대도시에 머물고 싶은 생각은 없었다. 나에게 대도시는 항상 위험했으며, 도시에서는 별로 할 것이 없다는 걸 알기에.
만지니에서 내려 마차파로 가는 버스를 탈 계획이었는데, 내가 마차파에 간다는 것을 아는 옆자리 아주머니 덕에 마차파의 길 한복판에 내리게 되었다.

배낭을 메고 홀로 걷자 쏟아지는 수많은 시선들. 내게 미소를 짓는다.
낯설다.
두렵다.

어색한 미소를 짓고는 사람들에게 '스와질란드 백패커스'를 물으며 다니는데 아무도 모른다. 안 그래도 긴장해서 잔뜩 굳어 있던 어깨가 더욱 움츠러들었다. 그런데 몇몇 사람들이 '선다우너스 백패커스'를 안다며 추천해 주었다. 어렴풋이 블로그에서 본 기억이 나 선다우너스 백패커스를 찾아 가기로 했다.

낯선 친절

배낭을 멘 내가 거리를 걷자 사람들이 도와주겠다고 나선다. 사실 언제나 나를 먼저 도와주겠다는 사람들은 조금 두렵다.

"아이 돈 니드 유어 헬프."라고 외치며 돌아섰지만 그는 생글생글 웃으며 콤비(미니버스) 정류장을 끝까지 알려 준다. 친절을 베푼 후에 작은 돈을 요구할 거라 생각한 것이 오만이었다. 그는 그저 도움이 되었길 바란다며 뒤돌아선다. 발끝이 저린 느낌이 들었다.
내 경계가 저 사람의 마음에 한줄기 상처가 되진 않았을까.
이런 상황이, 이런 내가 밉지만 어쩔 수 없기에 속상했다. 혼자라는 건, 때로는 서럽다.

콤비를 잡아타고 선다우너스 백패커스로 향했다. 도착해서 열어본 방명록에는 주인인 쩨주 아저씨가 친절하다고 나와 있다. 방은 130랜드로 생각했던 것보다 조금 비싼 편이었지만 안심이다. 여행이란 모름지기 낯선 도시에 도착해 숙소만 잡으면 반은 해결되는 것이 아닌가.

10인 도미토리에는 아무도 없었다. 함께이다 혼자가 되어서인지 외로움이 가득 찼다. 두 번째 단계의 외로움이다. 가장 큰 외로움은 이미 친해진 여행자들 사이를 겉도는 외톨이가 되는 것. 광장 속의 외로움. 차라리 혼자인 것이 편하다. 짐을 풀고 배낭에 카메라만 챙기고는 숙소에서 일하는 친구에게 어느 길로 가야 좋으냐고 물었다. 길 하나와 들판뿐인 이곳에 행선지는 왼쪽 혹은 오른쪽뿐.

그는 오른쪽으로 3km 정도를 걸으면 멋진 곳이 나온다고 했다. 어떻게 멋진지 열심히 설명했지만 너무 빠른 나머지 잘 알아듣지 못했다. 어찌되었든 오른쪽으로 3km를 가면 멋진 곳이 나온다는 것 아닌가. 배낭을 메고 걷기 시작했다.

영화 같아.

끝이 보이지 않는 2차선 좁은 도로와 그 옆에 펼쳐진 들판들. 녹색과 황금빛이 절묘하게 어우러진 자연의 향연. 여행을 시작한 이후 처음으로 이어폰을 꽂고 걸었다. 온전히 홀로 할 수 있는 시간이 왔음을 알려 주는 신호였다. 천천히 걸어야겠다고 생각했다.

길은 정말로 끝도 없이 길었다.

노래를 들으며 걷고, 생각하고, 잠시 멈추어서 글을 쓸 수 있는 그런 길이
다. 코끝에 상쾌함이 와 닿았다. 지나치게 감정적인 편인 나는 또 한없이
가슴이 벅차오른다. 숨을 크게 들이쉬고 옆을 바라본다. 마침 mp3에서 '시
원한 바람(알고 보니 바다였지만)은 내게 입 맞추고'라는 유쾌한 가사가
흘러나온다.
아, 타이밍도 좋아.

크게 흥얼거려 본다. 앞에도 뒤에도 사람은 없다. 말도 안 되는 풍경들만
펼쳐져 있다. 한발 물러서서 보니 한국의 여느 시골 들판 같기도 하다. 자
연스러운 아름다움. 푸른 들판 그리고 그 위를 거니는 소들. 잠시 멈추고
나는 글을 쓴다.

여행이란 그런 것이다.

길을 걷다 마주하는 말도 안 되는 풍경들을 누릴 시간이 있다는 것,
걷다가 잠시 멈추고 쉴 수 있는 것.
어쩌면 수많은 풍경들이 너무도 빠른 속도로 스쳐 지나가지는 않았는지.
길을 걷다 만난 초원에서 나에게 물어본다.
일상에 돌아가서도 한걸음 멈춰서 바라볼 수 있을까.

시원한 바람은 내게 입 맞추고….

한번은 텅 빈 게스트하우스를 벗어나 시끌벅적한 시장으로 가기 위해 길을 나섰다.

걸어간다고 하니 그 먼 거리를 어떻게 걸어가냐고 게스트하우스에서 일하는 친구가 나를 타박했다. 하지만 첫날 바라보고 '역시 떠나오길 잘했다.'라는 생각이 들었던 스와질란드의 그 멋진 초원을 다시 보기 위해서, 나는 그냥 걷기로 했다.

1시간을 걸어도 시장은 나오지 않았다. 그래도 여기서 버스를 타기에는 너무 아까웠다. 사실 버스가 무서운 까닭도 있었다. 정류장이 딱히 있는 게 아니라 하얀 봉고차 같은 게 지나가면 내가 손을 흔들어서 잡아타 목적지를 말해야 하기 때문이다. 별거 아니지만 특히 여행에서는 항상 처음이 어렵다.

어떻게 사람 한 명 지나가지 않을까 하는 생각도 잠시, 좁은 2차선 도로 맞은편 방향으로 빨간 자동차 한 대가 멈추어 섰다. 창문이 내려지고 남녀 네 명이 손을 흔들며 나에게 말을 걸었다.

"헤이, 여행 온 거야?"

누군가가 말하길 나는 옷차림부터 딱 한국에서 온 여행객으로 보인다고 했는데, 그 말이 틀리지는 않나 보다. 하긴 I'm dreamer라고 큼지막하게 쓰여 있는 티셔츠를 입고 있으니 누구나 그렇게 생각할 만도 하다.
나는 그렇다고 대답했다. 그들은 내게 어디를 그리 바삐 가냐고 물었고 나는 근처에 있다는 시장에 간다고 했다. 그랬더니 그들은 그곳에 설마 걸어갈 생각이냐고, 꽤 거리가 있는 곳이니 자신들의 차를 타란다. 일단 의심

Have a nice trip!

부터 하고 보는 나는 괜찮다고, 오늘은 걷고 싶다 말하며 다시 걸음을 옮겼다.

내 예상과는 다르게 그들은 창밖으로 팔을 길게 뻗어 흔들더니 "좋은 여행해!" 하고 떠나는 것이 아닌가. 어쩐지 여행자의 직감상 좋은 사람들임이 분명했다. 애꿎은 의심으로 친절을 놓치다니. 다리는 저리기 시작했고, '저기 탔으면 새로운 좋은 일이 생겼을 텐데.'라고 후회했지만 아쉬움은 잠시 접어둔 채 다시 걸어 나갔다.

도보는 따로 없었지만 드넓은 초원에 어색하니 놓여 있는 좁은 아스팔트 길과 초원 그 사이를 걷는 것이 좋았다. 걷다 보니 수많은 소들과 그 소들을 이끄는 한 할아버지가 보였다. 할아버지는 눈이 조금 불편하신 듯했다. 할아버지 옆에 다가갔다. 옆에서 나란히 걸으니 인기척을 느낀 할아버지가 고개를 돌려 옅은 미소를 짓는다. 천천히 져 가는 해는 어느새 하늘을 연주황빛으로 물들였다. 맑은 공기를 마시고 높은 하늘을 바라보며 바람과 마주하니 시간이 잠시 멈춰 우리에게서만 천천히 지나가는 듯했다. 그리고 저 멀리 시장이 보였다. 시장까지 가는 데 너무 오래 걸려 곧 해가 질 것 같았다. 그래서 바로 돌아가야 할 것 같지만

역시,
걷길 잘했다는 생각이 든다.

언덕 위의 이발소

길을 걷는데 재미있는 미용실이 나온다. 산 중턱에 뜬금없이 얼기설기한 나무로 세워져 있는 간이 미용실. 게다가 줄은 또 엄청 길다.

미용사와 눈이 마주치니 머리를 깎다 말고 "안녕! 너도 머리 잘라. 예쁘게 해줄게!"라고 말한다. 줄을 서 있던 사람들도 자르라며 나를 부추긴다. 어떻게 잘라 줄 거냐고 물으니 삭발 중이던 아저씨 손님 머리를 가리키며 이렇게 해준다고 한다. 참 짓궂다.

때로는 이런 짓궂음이 홀로 여행하는 여행자의 마음을 살살 간지럽히곤 한다.
그래서 외롭지만 외롭지 않다.

파리에서 온 그녀

모잠비크로 가는 비자는 신청해 놓은 상태였지만 모든 게 느린 이 나라 사람들은 다음 주에 다시 오라며 나를 돌려보냈다. 덕분에 스와질란드에 오래 머물게 될 것 같다. 사람들이 정말 순수하고 착한 곳이지만 여행 인프라가 부족한 곳이라 여행하기가 힘들다. 어디를 가야 할지 모르겠다. 게스트하우스엔 여러 명의 여행자가 왔지만 같은 방이 아니라 잘 어울리지도 못했다. 지루함이 딱히 싫지는 않았다. 인터넷을 하려면 읍내까지 먼 길을 나가야 하고 지독히도 모든 게 느린, 이 코딱지만 한 나라. 그런데도 이 나라와 사랑에 빠져버렸기 때문에 괜찮았다. 계속해서 마음을 비집고 올라오던 집에 가고 싶다는 생각이 말끔히 지워져 가던 참이었다.

무얼 하며 시간을 보내야 할지 고민하다 게스트하우스에 상주하는 토비 아저씨에게 영화를 잔뜩 받아 왔다. 영어가 이해될 때까지 몇 번이고 돌려 봐야지 마음먹고 다시 아무도 없는 10인 도미토리로 돌아왔다. 책을 읽기엔 머리가 조금 무거웠다. 그래서 지금은 영화. 여행지에서 보는 영화란 언제나 특별하게 남는 법이니. 침대에 누워 노트북을 열고 토비 아저씨가 준 영화를 봤다. 하지만 자막 없이 들리는 영어가 버거워 나도 모르게 스르르 잠이 들었다.

얼마 후 잠에서 깨니 내 반대편 침대에 배낭과 옷가지가 널브러져 있었다. 드디어 누군가 온 것이다. 그것도 혼자인 것 같다. 해가 어스름해지자 누군가 방으로 들어왔다. 부스스한 금발 머리에 하얗고 마른 체격, 수수한 옷차림이었지만 하고 있는 팔찌나 목걸이에서 어쩐지 보헤미안 느낌이 났다. 이 여자는 분명 여행을 엄청나게 했거나 어쩌면 나처럼 예술을 하는 사람이 아닐까 골똘히 생각할 때쯤, 고맙게도 그녀가 먼저 말을 걸어왔다.

마갈리란 이름을 가진 그녀는 나보다 딱 열 살 많은 서른세 살. 아니, 국제 나이로는 서른한 살. 이 작은 나라에 2주 동안 머문다는 그녀는 장신구 디자이너인데, 영감을 얻기 위해서 이곳에 왔다고 했다. 이미 두 번째라고.

다음 날부터 여행에 어려운 건 없었다. 아침에 일어나면 게스트하우스에서 나눠 주는 커피를 마시며 글을 썼다. 마갈리는 내가 글을 쓰는 모습을 너무 좋아해 자꾸만 옆으로 와 내 모습을 사진 찍고 혼자 배시시 웃는다. 가끔은 더 가까이 와서 키보드를 두드려 보기도 한다. "한글은 너무 귀엽게 생겼어!"라고 말하면서. 이럴 때는 그녀가 서른세 살인지 아니면 열 셋인지 잘 모르겠다. 그런데 또 해가 지고 들어온 나에게 처음 보는 무서운 표정을 지으며 걱정했다고 말하는 그녀를 보면 우리 엄마 나이쯤 됐을까 하는 생각도 든다.

매일 아침 비슷한 시간에 우리는 아침을 간단하게 먹고 햇살이 좋다는 마갈리를 따라 게스트하우스의 정원으로 나선다. 마갈리는 햇볕에, 나는 그늘진 곳에 누워 누군가 두고 간 책을 읽는다. 그리고 나간다. 마갈리는 열심히 영감을 얻고, 나는 그녀와 잠시 떨어져 동네 꼬마들과 논다.

영화 〈비포 선라이즈〉에서 프랑스인 주인공 줄리 델피는 사람들이 자신에게 "유어 쏘 프렌치."라고 외친다고 말한다. 마갈리를 보고 있노라면 영화 속 그 장면이 떠오른다. 얼굴도 조금 닮은 것 같기도 하고. 다큐멘터리에서 보던 프랑스 여자들과 똑같다. 그녀는 몸에 나쁜 음식은 절대 안 먹

Magalie ♡

Toby, I miss you!

는다. 내가 무언가 먹는 것을 볼 때마다 모든 음식을 다 먹는데 어떻게 이렇게 작고 튼튼하냐며 놀란다. 누구에게나 미소를 건네서 그들과 항상 친구가 된다. 나는 마갈리 덕에 다가갈 수 없었던 사람들과 친구가 됐다. 또 그녀의 가장 좋은 점은, 그녀 역시 아이를 좋아해서 길을 걷다 아이를 보면 멈추어 설 수 있는 것. '사랑스러운 사람'이라는 말이 딱 어울린다. 어쩔 때는 언니처럼 나를 챙겨주다가 어쩔 때는 어린 아이 같은 모습으로 나를 미소 짓게 한다. 누군가를 볼 때마다 열심히 정을 주는 그녀이기에 누구나 그녀를 사랑하고야 만다.

나에겐 이곳의 멋진 풍경과 동물들보다 그것을 보며 그 커다란 눈이 사라질 듯 웃는 마갈리를 보는 것이 더 좋다. 내가 남자로 태어났다면 그녀의 온몸에서 뿜어져 나오는 사랑스러운 향기에 결국 고백하고 말았을 거야. 그렇게 생각하며 그녀를 보았다.

우리는 게스트하우스 주인 중 한 분인 토비 아저씨와도 꽤 친해졌다. 토비 아저씨는 지금은 60대의 수염이 덥수룩한 할아버지지만 젊은 시절에는 전 세계를 돌아다니며 밴드를 했다고 한다. 여자들에게 인기가 비틀즈 못지않았다나. 그 말을 듣고 보니 산타클로스처럼 보이던 아저씨의 수염이 록 밴드의 기타리스트가 일부러 기른 듯한 수염으로 보였다. 그런 사람이 있다. 겉모습만 봐도 그가 어떤 책을 좋아할지, 어떤 이성을 만나왔을지, 술에 취하면 어떤 모습일지 상상이 가는 사람. 아저씨가 딱 그랬다.

떠나는 마지막 날 토비 아저씨는 나와 마갈리를 점심 식사에 초대했다. 짐을 싸느라 조금 늦은 내가 커다란 배낭을 앞뒤로 메고 등장하자 둘은 또 내가 너무 작다며 까르르 웃는다. 나 또한 까르르 웃어 보인다. 그래도 다른 어른인데, 내 서툰 영어가 나를 더 어려 보이게 만드는 듯하다.

매일 '너티 걸'이라며 장난치던 아저씨는 처음으로 보는 엄숙한 표정으로
"시내, 스와질란드처럼 안전한 아프리카는 없어. 네가 가는 모잠비크는 여
기보다 나쁜 사람들이 훨씬 많이 살아. 특히 넌 조그마해서 사람들이 널
붙잡기 쉬우니 절대로 조심해야 해."라고 한다. 또한 모잠비크를 가게 되
면 자신의 친구가 있으니 꼭 연락하라며 내 노트에 연락처를 적어 주고 자
신의 연락처도 적는다. 그러고는 자신을 잊지 말라며 본인의 모습을 우스
꽝스럽게 그린다. 그걸 보고 웃는 내 모습을 보더니 한껏 진지한 표정으로
자신의 그림 아래 내 얼굴도 그린다. 'Small Korean naughty girl.'이라
는 코멘트를 단 그림 속의 내 모습이 우스워 우리 셋은 그렇게 마지막 미
소를 지었다.

배낭을 메자 아저씨와 마갈리가 차례대로 나를 끌어안았다.
"언젠가 또 보자!"라며 배낭을 메고 손을 흔들며 돌아 나왔지만 나는 차마
뒤를 돌아볼 수가 없었다. 눈물이 흘렀다. 내 첫 인연인 그들은 다른 아프
리카 아이들과 다르게 이메일도 있고 사는 곳도, 아니 다시 만날 수도 있
는데 왠지 못 볼 것만 같아서, 그리고 여행에서 이렇게 좋은 친구들을 만
나는 게 살면서 몇 번이나 될까 하는 생각에. 함께 여행 다닐 수 있으면 소
원이 없으련만. 함께였던 그 편안한 마음들이 눈물로 나와 천천히 하늘로
증발해갔다. 따뜻하게만 느껴졌던 스와질란드는 어느새 불쾌지수가 치솟
는 더운 곳이 되었다.

괜찮아, 나는 이 길 위에서 또 수많은 토비와 마갈리를 만나게 될 거야.

계속해서 마갈리와 토비를 생각하며 걸었다.
눈물이 하염없이 흘러나왔다.

가을밤, 책을 읽으려다 문득 손때 묻은 노트를 꺼내 본다. 얼마나 됐다고 벌써 케케묵은 티가 난다. 나와 함께 두 달을 여행한 이 노트의 가장 첫 메모, 그들이 남긴 그림 조각들을 볼 때면 다시금 그때의 그 마음으로 돌아가 버린다.

앞으로의 여정이 한참이나 남은 설레는 여행자의 그 마음으로.

그리고
두 아이

마갈리와 동물을 보기 위해 더 작은 마을로 향했던 날이 있다. 버스도 다니지 않는 그곳에 커다란 환타 병을 든 아이 두 명이 지나가고 있었고, 여느 스와질란드인과 마찬가지로 그들이 먼저 인사를 했다. 마갈리도 언제나처럼 활짝 웃으며 그들에게 인사를 건네었다. 땀에 흠뻑 젖은 아이들은 가지런한 흰 이를 드러내며 우리에게 다가왔다.

"안녕, 어딜 가니?"
"우리는 집에 가고 있어."

집에 가고 있다는 그들은 무려 2시간을 걷고 있는 중이라고 했다. 왜 버스를 타지 않느냐 묻자 버스도 20에말랑게니, 환타도 20에말랑게니이니 버스비로 환타를 사 먹는 게 훨씬 낫다고 말한다. 그렇게 둘은 왕복 4시간의 긴긴 거리를 다니느라 마침 대화할 거리가 떨어졌는데, 우리를 만나 새로운 일이 생겼기에 너무 좋다고, 선물을 주겠다며 갑자기 마이클 잭슨 흉내를 낸다.

우리는 그 모습이 우습기도 하고, 또 순수함에 절로 미소가 나와 한참을 이야기하고 나서야 돌아갈 수 있었다. 돌아갈 때는 다른 여행자의 차를 히치하이킹해서. 마갈리가 히치하이킹을 태어나서 처음 해본다며 시내는 너무 멋진 여행자라고 치켜세우는 바람에 나도 히치하이킹은 처음이라는 것을 말할 수가 없었다.

마갈리와 함께한 나날들이 좋다. 나와 대화를 나누는 스와질란드의 사람들이 좋다. 사람들이 좋은 걸까 아니면 마갈리와 함께 만든 추억들이 좋은 걸까. 여행이 끝난 지금에도 그 아이들이 춤추는 모습과 그걸 바라보며 큰 눈이 사라질 듯 웃는 마갈리를 떠올리곤 한다. 여전히 아이들은 4시간이 되는 거리를 걸으며 종종 우리 이야기를 하다가, 환타를 가득 들이켜곤 하겠지. 그렇게 사람들 하나하나와 맺어진 작은 인연들이 스와질란드라는 퍼즐을 채워 갔다.

검은 땅, 빛과 그림자

모잠비크

✦✦✦ 이 세상에서 가장 착한 사람들이 모였다는 스와질란드를 떠나 여행 전에는 들어보지도 못했던 모잠비크로 가려 하니 걱정이 이만저만이 아니었다. 블로그에 정보도 거의 없었다. 스튜도 그렇고 토비도 그렇고 모잠비크에서 좋은 곳은 토포 딱 한 곳이라고 했는데. 그들의 말을 들으니 모잠비크가 더 무시무시하게 느껴졌다. 이 나라는 어찌 이리도 길쭉하게 생겼는지 육로로 위를 올라가려면 한참을 걸어야 했다.

언제나처럼 찐 옥수수 두 개를 품에 안고 좁아 터지는 미니버스에 몸을 실었다. 배낭과 옥수수를 끌어안은 채 잠을 청했다. 잠에서 깨보니 버스는 어느새 수도 마푸투까지 와 있었다. 평화로운 느낌이 감도는 연둣빛 나라 스와질란드와는 다르게 지저분한 도로와 빵빵거리는 경적 소리에 풀렸던 긴장이 다시금 조여져 왔다. 『론리플래닛』에 나오는 가장 저렴한 숙소는 정타 정류장에서 무세오Museu로 가는 샤파Chapa를 타고 마지막 정류장에서 내리라고 했는데, 정타라는 곳에 내리는 것까진 성공했지만 무세오로 가는 샤파를 잡아타기가 여간 힘든 게 아니었다.

"베이스 백패커스!"라고 외쳐 댔지만 모두 고개를 내저을 뿐이었다. 이곳은 포르투갈에게 식민 통치를 받아 모든 사람들이 포르투갈어를 구사했다. 영어가 통하지 않는 곳이라니. 시작부터 큰일이다. 세계 어느 나라를 가도 영어를 할 수 있는 사람이 한두 명은 있었는데, 아니면 단순한 단어 정도는 알아 들었는데, 정말 큰일이었다.

이곳의 버스는 과거 우리나라 버스 안내양처럼 어려 보이는 청년들이 목적지를 말해 주고 승객을 태우면서 돈을 받았기 때문에 그들에게 도움을 구하려 했다.

하지만 버스가 정차할 때마다 "무세오!"라고 외치면 다들 하나같이 고개를 끄덕여서 도무지 무엇을 타야 할지 몰랐다. 멈춰선 한 버스에 가 또 한 번 무세오라고 말하니 버스에서 일하는 버스 청년이 맞다는 시늉을 하면서 버스에 태웠다. 만원버스 안의 모든 사람들이 신기하다는 듯 바라봤다. 청년이 손을 내밀며 돈을 달라는 시늉을 했다. 국경에서 급히 환전한 탓에 잔돈이 없어 100메티칼짜리를 내밀었다. 분명 다른 사람들은 50메티칼을 내고도 거스름돈을 받았는데 버스 청년은 나에게 아무것도 주지 않았다. 본능적으로 나는 당하고 있음을 느꼈지만 청년은 단호한 표정으로 고개를 저었다.

스와질란드의 사람들은 가격을 속이지 않았는데… 역시 악명 높기로 유명한 나라인 듯했다. 나는 왜 항상 사서 고생을 하는 걸까. 여행자도 많고 여행 정보도 많은 나미비아로 향했으면 편했을 텐데. 내 가슴이 원하는 '사람을 만나는 여행'을 과연 이곳에서 할 수 있을까? 한숨이 나왔다. 내가 계속 돈을 달라며 소란을 피우니 사람들의 이목이 집중됐다. 그리고 갑자기

Base Backpackers!

나타난 우리 엄마뻘의 한 아주머니가 그 청년을 꾸짖기 시작했다. 그는 난처한 표정을 짓더니 50메티칼을 건네주었지만 아주머니는 다시 한 번 그를 꾸짖었다. 그러자 청년은 30메티칼을 더 쥐어 주었다. 사실 버스비가 9~10메티칼인 걸 알았지만 내가 잔돈을 준비하지 못한 것도 잘못이었다. 한참을 말해도 나머지는 안 주는지 아주머니는 포기한 듯했고, 대신 내 배낭을 옮겨 주며 운전석 옆자리에 나를 앉혔다.

아주머니가 씩씩거리니 오히려 내 마음속의 화는 점점 가라앉는 것 같았다. 아주머니는 버스에서 내리면서 창문을 통해 손짓발짓을 다 해 가며 말을 건넸다. '절대 돈을 더 주지 마. 너는 이미 충분한 돈을 냈어. 저 친구가 뭐라 해도 주면 안 된다. 알겠지?' 아주머니는 신신당부를 하며 마지막으로 기사에게 무어라 외치고 갔다.

오자마자 정신없이 또 사건에 휘말리다니. 돈 많은 여행자여서 매번 택시를 타고 다녔으면 좋겠다. 아니면 차를 대절한다거나. 근데 그러면 이렇게 사람들이랑 마주칠 기회가 많진 않을 거야. 좋은 사람도 만나고 나쁜 사람도 만나는 것은 아무도 만나지 않는 것보다 훨씬 나으니까.

순진하게 생긴 기사 아저씨는 내가 "당신은 나쁜 사람이에요?" 해도 "예스."라고 대답하고 "당신은 착한 사람이에요?" 해도 씩 웃으며 "예스."라고 대답했다.

버스는 어두워진 밤이 돼서야 숙소 앞에 도착했다. 나에게 사기를 치던 버스 청년은 골목으로 들어가는 입구까지 내 배낭을 들어 주고는 떠났다. 참 이상한 나라의 이상한 친구야.

인연,
두 가지

어쩐지 따뜻한 느낌이 드는 게스트하우스는 들어가는 순간부터 기분이 좋았다. 왜, 낯선 나라의 첫 도시의 첫 게스트하우스만 잘 골라도 그 여행은 반쯤 성공한 거라는 말이 있지 않나. 내가 있는 이곳 마푸투는 관광지가 아닌 도시이기 때문에 여행자들의 발길이 짧게 머물다 가는 곳이었다. 나 역시 이곳에서 다음 여행지를 결정하고 바로 떠나야지 마음먹었다. 게스트하우스에서 일하는 내 또래의 직원에게 남아공인들과 유럽인들의 휴양지로 유명한 '토포'로 가는 버스 티켓을 예약하고, 방으로 들어가 짐을 풀었다.

숙소는 깨끗하지 않고 좁았지만 어쩐지 정겨운 느낌이 들었다. 짐을 풀고 나와 그동안 미뤄 둔 인터넷을 즐기며 밀린 업로드를 하고 있었다. 내 방엔 짐을 풀어 놓은 흔적만 있고 아무도 없었는데 다른 방에서 누군가 나왔다. 인도 느낌이 살짝 드는 조그마한 체구의 예쁘장한 소녀였다.

이럴 수가! 가슴이 두근거리기 시작했다. 아프리카 여행에서 내 또래 여학생은 만나기 힘들 줄 알았는데 이렇게 바로 만나게 되다니. 나는 다짜고짜 그녀에게 달려 나갔다. 마치 냉장고를 열었는데 엄마가 사둔 달콤한 치즈 케이크를 발견했을 때처럼.

한국 나이로 스물다섯 살인 한나는 모리셔스계 영국인으로 약 세 달 반째 여행 중이라고 했다. 나와는 반대 루트로 모로코에서 두 달간 아랍어를 배우고, 에티오피아부터 모잠비크까지 한 달 반 동안 여행을 한 후 남아공으로 가서 2주를 더 머문다고 했다.

한나를 보니 궁금한 게 이것저것 생겼다.

"두 달간 제일 좋았던 곳은 어디야? 나도 너랑 루트가 같아!"
"위험하진 않았어?"
"혹시 사기 당한 적은 없어? 여기선 뭘 봐야 해?"

시시콜콜한 질문을 다 받아주던 그녀 역시 모잠비크에서 또래 여자 여행자는 처음 봤다고 했다. 우리는 다음 날 같이 마푸투의 예술가들이 모여 사는 동네에 놀러 가기로 약속하며 수다를 마구잡이로 떨었다. 함께한 며칠간 지나가는 모잠비크 사람들에게 매번 '꼬맹이들'이라고 놀림을 받았지만 함께였기에 그마저도 즐거웠다.
그리고 잠시 후 내 도미토리에 있던 정체불명의 가방 두 개의 주인으로 보이는 사람이 들어왔다. 누가 봐도 일본인으로 보이는 남자와 한국인처럼 보이는 남자.
눈이 마주치자 우리 둘은 소스라치게 놀랐다.

"어? 한국인이세요?"

동시에 질문이 오갔고 한국인 여행자가 흔치 않은 이곳이기에 우리는 또 한 번 놀랐다.

서른쯤 된 윤성 오빠는 베이스 백패커스에서 몇 달째 머무는 중인데, 내가 모잠비크에서 만난 첫 번째 한국인 여행자라고 했다. 그는 이미 몇 년 전에 5개월간 아프리카를 여행한 적이 있었다. 아프리카를 여행하다 보니 여행 중 맛볼 수 없었던 한국식 치킨이 너무나도 그리웠고, 그렇게 모잠비

크에서 치킨 집을 열기 위해 잘 다니던 디자인 회사까지 그만둔 채 이곳에
왔다.

참 신기한 게, 여행을 하다 만나는 대부분의 장기 한국 여행자들의 나이가
스물아홉, 서른 아니면 서른하나라는 것이다. 그리고 그중 대부분이 직장
을 그만두고 떠나온다. 스물아홉, 그쯤부터 십대 이후로 묵혀 두었던 꿈틀
대는 청춘이 다시 나오는 시기인가? 혹은 그쯤에 팍팍한 직장 생활이 지
치기 시작하는 걸까? 참 수많은 나이대의 여행자를 만나고 이야기해봤지
만 내가 생각하기에, 또한 내가 그 나이였다면 떠나오기 어려웠을 것 같아
그들이 떠나온 이유가, 그들이 가진 모든 걸 내려놓고 떠나올 수 있는 그
용기가 너무나도 궁금했다. 좋은 직장을 가지고, 시집과 장가를 가라고 구
박하는 사람들이 늘고, 땀 흘려 일한 흔적이 찍혀 있는 통장을 보게 된다
면 나도 그들처럼 떠나올 수 있을까?

모든 걸 다시 처음부터 밟아 가려는 오빠의 마음이 궁금해졌다.
내가 여행을 더 다니고, 책을 더 읽고, 나이를 더 먹게 되면 그 용기의 무게
를 알게 되려나.

나는 결국 그와 그녀의 이야기가 더욱 궁금해 아까 전 사둔 버스 티켓을
취소했다.

바지락 칼국수 파티

스와질란드에서부터 귀에 귀지가 앉히도록 들어 온 이야기가 있다. 모잠비크에 가면 해산물을 말도 안 되게 싼 가격으로 먹을 수 있다는 것이다. 숙소의 친구들과 동네를 돌아다니며 놀다가 문득 그 말이 떠올랐다. 마푸투 생활에 오래인 윤성 오빠에게 물어보자 마침 근처에 큰 해산물 시장이 있다고 하여 베이스 백패커스에 머무는 각국 친구들을 위해 한국 음식 파티를 열기로 했다. 나는 요리라 해봤자 김치찌개밖에 할 줄 모르지만 이먼 곳에 치킨 집까지 연다는 윤성 오빠는 분명 요리에 일가견이 있을 거라는 생각으로 따라나섰다.

내일이면 떠난다는 한나를 위해서, 토비와 닮은 점이 많은 숙소 주인아저씨를 위해서, 한국 음식을 태어나서 한 번도 못 먹어 봤다는 프랑스 커플을 위해서 우리는 낡은 차를 타고 시장에 도착했다.

"아미가! 아미가!(이봐, 친구야!)"

차에서 내리기 전부터 시끄러운 소리가 들려 여기가 바로 시장이겠거니 했다. 내리자마자 정신이 하나도 없었다. 시장 아주머니들은 "아미가!"라고 큰소리로 외치며 내 손을 붙잡았는데, 내가 지금 한국의 재래시장에 온 건지 아프리카에 있는 시장에 온 건지 정신이 하나도 없었다. 혼자 왔다면 분명 엄청나게 바가지를 쓰게 됐을 포스의 상인들을 향해 윤성 오빠는 거침없이 나아갔다. 온갖 손짓과 포르투갈어를 써 가며 한가득 담은 조개와 또 한가득 담은 꽃게를 보니 벌써부터 배가 불렀다. 게다가 열 명이 먹어

도 배부를 만한 해산물이 단돈 2만 원도 안 된다니! 처음 접한 한국 음식을 먹고 기뻐할 친구들을 떠올리자 입가엔 미소가 멈추지 않았다.

숙소로 돌아와 조개를 해감하고, 솔을 들고 와서 꽃게를 닦고, 밀가루를 반죽하고, 칼로 썰고….

일본인 친구는 신선한 꽃게가 자꾸만 움직이는 바람에 꽃게를 닦다가 놀라버린 나를 카메라에 담았다. 요리를 못하는 내가 원망스럽지만 이 못난 요리라도 먹어줄 친구들 생각에 가슴이 들떴다.

깨끗이 닦은 꽃게들을 찌고, 손수 자른 면과 조개, 파, 양파를 넣어 끓이니 벌써부터 맛있는 냄새가 폴폴 풍겼다. 어디서 소문을 듣고 왔는지 요리가 나오기 전부터 사람들은 자꾸만 주방을 들락날락거렸다.

꽃게찜과 칼국수 그리고 냉장고에서 차가워진 맥주 캔이 나오자 모든 사람들의 침이 '꼴깍' 하고 넘어가는 듯했다.

성대하게 차려진 식탁 앞으로 하나둘 모여들었다. 냄새부터 칼칼한 것이 코끝이 아려와 과연 친구들이 이걸 먹을 수 있을까 하는 생각이 들었다.

"자, 우리, 한국의 선물이야."

처음으로 게스트하우스에 있는 모든 사람들이 모였다. 미심쩍은 눈으로 면 가닥을 집어 올리는 친구들의 표정을 보며 손에서 땀이 났다. 서툰 내 칼질이 만들어 낸 울퉁불퉁한 칼국수 면발 가닥가닥이 친구들의 눈에는

Korean food party!

So delicious~ :)

신기하게만 보였나 보다. 용기 있게도 한나가 먼저 한 젓가락을 집어서 입
안 가득 칼국수를 넣었다.

"와, 이거 진짜 맛있어."

한나의 말을 듣고 모두들 여전히 미심쩍은 표정이긴 했지만 국물을 맛보
았다.

"와, 엄청나. 나 이렇게 맛있는 한국 요리 처음 먹어 봤어. 아, 물론 한국 요
리가 처음이긴 하지만."
"이 수프 도대체 어떻게 만든 거야? 파랑 조개랑 양파밖에 안 들어갔다고?
말도 안 돼."
"이건 그야말로 기가 막히는 맛이야."

어깨가 으쓱해졌다. 평소답지 않게 지출이 크긴 했지만 국물을 들이켜 마
시기까지 하는 친구들을 보며, 레시피를 알려 달라 조르는 친구들을 보며,
덕분에 한국을 잊지 못할 것 같다는 친구들을 보며 나와 눈이 마주친 윤성
오빠는 내가 본 것 중 가장 밝은 미소를 지어 보였다.
그날 밤엔 잠도 잘 왔다. 적어도 여행에서 남겨온 게 뭐가 있느냐고 하면
바지락 칼국수를 맛있게 만들 수 있다고, 그거 하나는 완전히 배워 왔다고
자랑스레 말할 수 있을 거야.

토포,
권태로움

내게 있어 여행 중 가장 외로운 순간은 홀로 있는 순간이 아니다. 함께이지만 혼자임을 느낄 때, 그 순간이 가장 아프다.

윤성 오빠는 며칠 더 머물다 가라며 나를 설득했지만 마푸투에는 이미 일주일이나 머물고 있었다. 토포로 가는 두 번의 티켓을 취소하고 세 번째 표도 취소할까 말까 고민이 되었다. 윤성 오빠가 만들어 주는 치킨이나 라면은 너무나 달콤했지만, 그리고 윤성 오빠가 주는 한국인만의 따뜻함은 더더욱 발목을 붙잡았지만 계속 여기에 머물다간 그 달콤함과 따뜻함에 녹아내려 더 이상 팔을 저어 나아갈 수 없을 것 같았다.

떠나야 할 때가 왔음을 느꼈다.
언제나처럼 이 도시가 좋아져 버려서 떠나기 아쉬워지는 그 순간, 나는 떠난다.
가장 아름다운 기억만을 가지고서.

모두가 아름답다 칭한 토포로 갈 생각을 하니 그래도 마음이 조금 나아졌다. 아무도 눈 뜨지 않은 새벽 조용히 짐을 싸서 아직 자고 있는 윤성 오빠에게 마음속으로 안녕을 고했다. 뜬눈으로 밤을 지새워야겠다고 생각하며 로비에서 책을 읽는데, 출장으로 장기 체류 중이던 일본인 친구가 나왔다.

"아직 안 자는 구나."
"응, 마음이 싱숭생숭해서 잠이 오지 않아. 내가 하는 여행이 맞는 여행인

지, 이게 보고 싶었던 게 맞는 건지, 마냥 여행이 너무 즐겁기만 한 게 찝찝
해서 견딜 수가 없어."
"내가 여행을 많이 해본 건 아니지만 분명 넌 잘하고 있는 거야. 즐겁기만
한 게 어때서? 힘든 것도, 즐거운 것도 모두 각각의 여행인데. 앞으로도 잘
해낼 거야. 그러니 걱정 마."

그는 토포로 향하는 새벽 5시의 차가 도착할 때까지 한참을 같이 기다려
줬다. 그와도 마지막 인사를 하고 돌아섰다.

좁은 버스에 몸을 구겨 넣었다. 역시나 여행자는 없었다. 밤새 이루지 못
했던 잠을 청하기로 하고 슬슬 잠이 들었다. 버스는 정차할 때마다 사람들

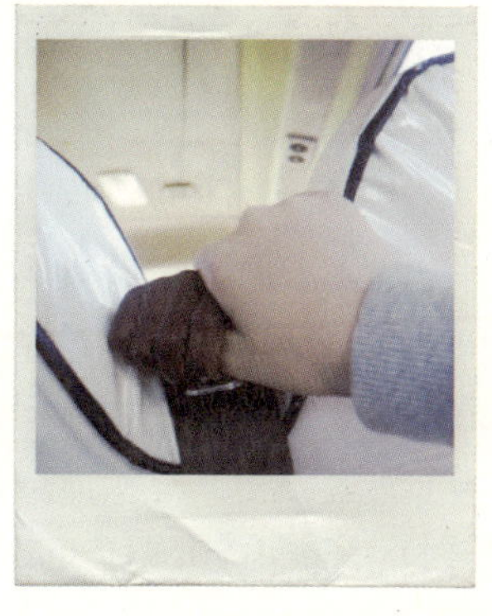

을 점점 더 많이 태웠고, 나중에는 몸이 찡겨 도저히 잠을 청할 수 없을 정도가 되었다. 문밖에 매달려 타는 사람들을 보니 그래도 내 처지가 저들보다는 조금 나은 건가 하는 생각이 들 때쯤 남아공에서부터 고대해 온 토포에 도착했다.

물어물어 찾아간 게스트하우스는 방갈로가 즐비하게 이어져 있고, 모래바닥 그리고 곳곳에 있는 해먹이 여기가 휴양지임을 말해 주는 듯했다. 게스트하우스 바로 앞에 있는 모래사장과 바다에 비치는 반짝이는 햇살이 나를 반겼다. 다들 수영을 하러 갔는지 게스트하우스에는 자칭 예술가라고 말하는 직원만이 남아 있었다. 예술가라고 칭하기에 그의 그림 실력은 조악했지만 어쩐지 사랑스러운 느낌이 깃든 그림이었기에 계속해서 바라보았다. 잠시 후 수영을 하고 돌아온 숙소의 여행자들이 한두 명씩 들어왔다. 대부분 둘 셋씩 같이 온 서양 친구들이었는데, 나 다음으로 작은 키의 친구는 나보다 무려 한 뼘이나 커 보였다.

으레 모든 여행자가 그러듯 눈이 마주치자 인사를 했고, 인사를 한 후에는 이야기를 나누기 시작했다. 주제는 그들이 먹는 아보카도 샌드위치에 관한 것. 사 먹는 것보다 샌드위치를 만들어 먹는 게 저렴하다고 말한다. 들어가는 재료는 바게트 빵, 계란, 토마토, 아보카도, 참치. 그들의 말대로 이 다섯 가지를 섞어서 만드니 샌드위치를 싫어하는데도 꽤 맛이 좋았다. 한 입 가득 베어 물자 간만에 먹어 보는 서양식 음식이어서 그런지 더 맛있게 느껴졌다.

음식 이야기가 끝나고 뻔한 이야기가 시작됐다. 넌 어디서 왔니, 혼자 여행하는 거니, 어느 나라를 여행하니, 어디가 제일 좋았니. 그 누구를 만나

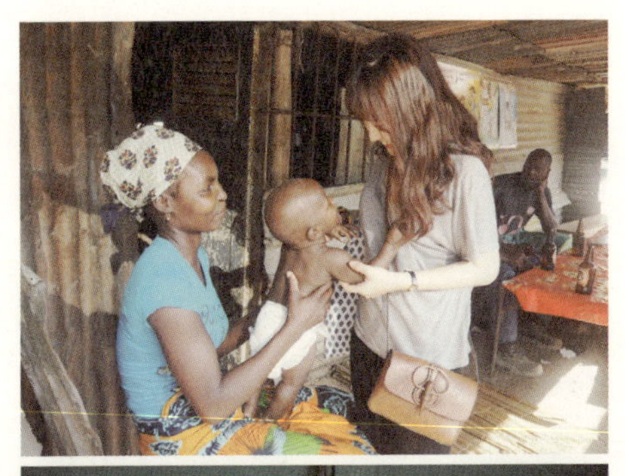

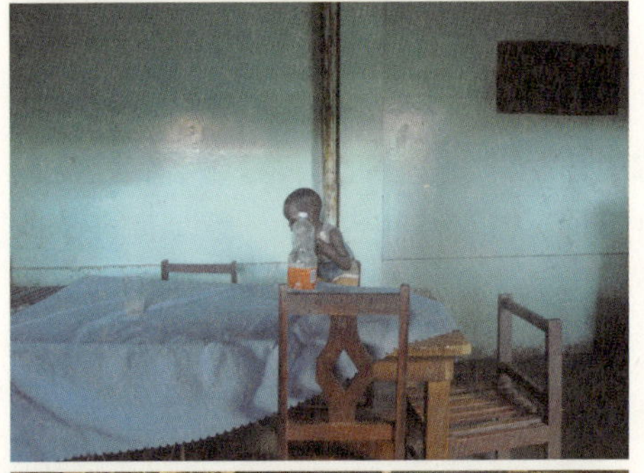

도 항상 같은 질문, 그리고 같은 대답. 지겨워지기 시작했다. 영어권 친구들과 함께 요리를 해먹고, 한곳에 모여서 수다를 떨고, 처음 입어 보는 비키니에 몸을 숨기는 나를 보며 깔깔거리고, 그들의 옆자리에 앉아서 책을 읽었지만 묘하게 즐겁지 않았다. 이곳에서 만난 친구들은 토포가 최고라고 했다. 맑은 바다에, 한적하고 저렴한 물가 그리고 어디서나 마실 수 있는 술. 내 그냥저냥인 영어실력은 빠르게 말하는 영어권 친구들의 대화에 반쯤만 발을 담그고 어느새 억지웃음을 짓고 있었다. 누구보다 행복하고 여유로운 척하며.
누구보다 외로워 보이지 않기 위해서.

토포를 좋아하려고 노력하는 어느 날 밤.
해변가가 보이는 긴 의자에 누워 휴대폰에 받아온 책을 읽었다. 와이파이가 없어서 대화할 한국 친구도 없고, 또 이곳의 친구들과 영어를 사용하며 대화하는 것 자체가 나를 피곤하게 만들었기에 혼자 있는 그 시간이 문득 소중하게 느껴졌다. 아, 지금은 혼자여야겠구나. 어쩔 수 없어. 지금은 이곳을 떠나야겠다.

모든 게 즐겁지 않다면
그냥 잠깐만 멈추고
혼자임을 느껴볼 거야.

그렇게 나는 처음으로,
그 도시를 사랑하지 않은 채로, 그곳을 떠났다.

인도는 ♡ 사랑인 걸까

너무나도 빛나는 색의 바다를 가진 토포에서 혼자라는 느낌은 어둡고 갇힌 곳에서 혼자일 때보다 훨씬 농도 짙은 외로움을 가지고 왔다. 그런 느낌이 올 때면 나는 감정을 거스르지 않기 위해 눈을 감고 소리에 귀 기울인다. 바닷소리는 아프리카에서도, 인도에서도, 한국에서도 나를 편안히 달래주는 것 같아. 철썩하고 다가왔다가 쏴 하고 멀어지는, 귀를 간질이는 익숙한 감각이 마음을 간지럽힌다. 사랑하는 사람과 왔다면 어쩌면 토포는 이번 여행에서 가장 좋은 곳이 되었을 수도 있지 않을까.

바닷소리도 지겨워졌을 때쯤 낯익은 낱말들의 조합이 들려왔다.

부부다. 한국인 부부.
아니, 한국인 여행자는 없다던데, 어떻게 가는 곳곳마다 한국인을 만날까?

여자는 내게 그녀의 남편에게보다 더 밝은 미소를 보이면서 로브스터를
시켰는데 먹어볼 거냐고 권했다.
사실 여기서 로브스터는 고작 몇 천 원이었지만 항상 괜한 데 돈을 아끼던
나는 냉큼 옆에 앉았다.

둔한 미각은 대게와의 차이점을 알아채지 못해 아마 오늘이 마지막으로
로브스터를 먹는 날이라고 생각했다. 로브스터를 뒤로하고 그들에게 시선
을 돌렸다.

나이가 짐작이 가지 않았다. 여행하는 사람들은 항상 그렇다. 항상 예상보
다 나이가 많다. 음, 그런데 왜 하필 아프리카일까. 나도 아프리카를 여행
하는 여행자이지만 아프리카를 여행하는 사람들은 어떤 연유로 이 땅에
왔는지 궁금했다. 하지만 궁금증은 잠시 접어두고 그들이 들려주는 이야
기에 귀를 기울였다.
대답을 듣고 싶은 것이 아니라 이야기가 듣고 싶었다.

30대인 줄 알았는데 마흔 정도.

예술가일 줄 알았는데 학구열이 치열하기로 유명한 목동의 수학 학원 선생님.

일을 관두고 떠나온 1년간의 세계 여행.

이상한 생각을 가지고 있었다. '수'랑 '여행'은 무지개와 흑백 사진처럼 그렇게 먼 존재라고. 서로를 가까이할 수 없는 그런 사이. 여행자 중에는 예술가가 많았기에, 그렇게 생긴 나의 작은 오만과 편견이었다.

십수 년 전, 나와 비슷하거나 조금 많았던 나이에 떠났던 인도 여행에서 두 사람은 첫눈에 반해 자그마치 6개월을 여행 다니며 사랑하고 또 사랑했다. 그러다 그 시절을 떠올리려 1년간 떠나온 세계 여행. 마침 내가 인도를 가본 적 있다고 하니 갑자기 그들의 얼굴이 잔뜩 상기되고 눈가가 촉촉해진다. 가난하게 여행하던 그 시절과 다르게 사랑하는 이와 맛있는 것을 먹고, 더 예쁜 데서 잘 수 있는 지금의 그들이 너무나 질투가 나서, 아니면 나의 염원이 눈앞에 있어서 그런지 온몸이 간질간질했다.

그들이 떠나고 나는 토포의 바다를 바라보며 생각했다.

내가 신혼여행을 가게 된다면

이 세상을 여행하다 가장 좋아하게 된 도시에 한 달간 집을 빌려 아무것도 하지 않은 채로 살 거야. 집은 태양이 잘 들고 앤티크 가구들로 채워져 있어야 해.

아침잠이 많은 나는 10시가 넘도록 자다가 남편이 준비한 쿠키와 따뜻한 차의 향기, 그리고 알람 대신 틀어준 가사가 없는 잔잔한 음악에 잠에서 깨는 거지.

그러고는 밖으로 나가 오늘 먹을 것을 미리 장 보고, 좋아하는 책을 들고
가 공원에서 읽을 거야. 꼭 자전거를 타고 가야 해, 아주 천천히. 주말에는
벼룩시장에 가서 한국에 있는 보금자리에 놓을 작고 귀여운 우리만의 추
억을 사는 거지.
상상만 했을 때 더 행복한 법이겠지만 말이야.

사랑하는 사람과 달콤하고 진득한 여행을 할 거라는 생각을 했다. 아마도
10년이 지난 서른셋쯤. 빠삐코가 아닌 하겐다즈의 초코처럼 뻑뻑하고 진
함이 흐르는, 그런 사랑과 여행을 하겠노라고.

베이라로 가는 길,
휴대폰을 도둑맞다

마푸투에서 만난 한나가 이런 말을 한 적이 있다. 이 기다란 모잠비크의 저 북쪽 끄트머리에 쪼그마한 섬이 하나 있는데, 눈이 부시게 아름다워서 여행자들의 발목을 붙잡는다고. 그런데 가는 길이 너무 어려워 다들 지나치고 만다고. 그런데 또 그곳을 스쳐지나간 사람들 말에 따르면 어쩌면 우리가 이토록 싫어하는 모잠비크가 가장 사랑하는 나라가 될 수도 있다고.

이곳 토포에서 모잠비크 아일랜드로 가려면 긴긴 시간과 노력을 들여야 한다. 최소 3일, 운이 좋으면 이틀내리 버스를 갈아타고, 또 갈아타고, 갈아타야 하는 먼 섬.

우선 중부 도시인 베이라로 향하는 장거리 버스를 타고 하룻밤 머문 후 다음 날 북부의 큰 도시인 남풀라로 가는 버스를 탄다. 또 그곳에서 하룻밤 머물고, 다음 날 모잠비크 아일랜드로 가는 작은 트럭을 잡아타면 되는 것이다. 생각만 해도 머리가 지끈지끈했지만 그래도 나에게 있어 여행에서 가장 재밌는 순간 중 하나가 이동하는 순간이었기에 괜찮았다. 게다가 장시간을 현지인들과 함께 있다 보면 친해지는 것도 부지기수였다.

이른 아침에 일어나 짐을 싸고, 자고 있는 친구들을 향해 조용히 안녕을 고하고는 숙소에서 나와 도시로 가는 작은 봉고차에 탔다. 옆자리의 부부와 갓난아이가 나를 향해 반가운 미소를 짓는다. 나보다 열 살은 많아 보였는데 나보다 어린 부부다. 이곳 언어 사정을 아는 그들은 베이라로 가는 버스를 잡을 수 있도록 계속해서 도와줬다. 아이를 낳으면 다들 이렇게 어

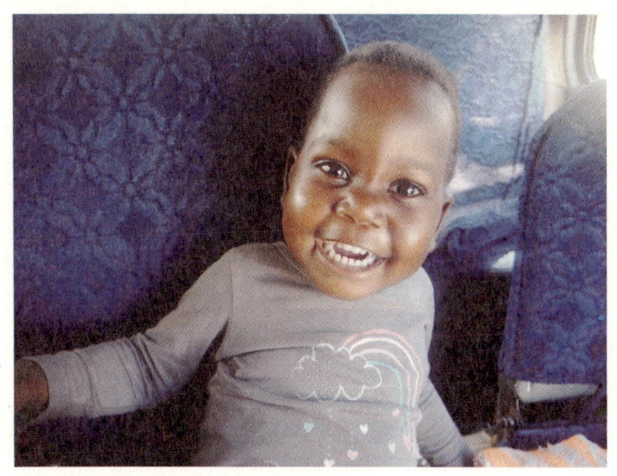

른스러워지는 걸까. 대가를 바라지 않는 친절에 또 한 번 감사하며 그들을 따라갔다. 여느 때와 다름없이 가장 싼 버스를 원한다는 나의 말에 사람들에게 물어물어 버스까지 잡아준다.

삐걱거리는 낡은 버스. 앞자리 몇 개의 좌석은 부서져 있고 바닥엔 먼지와 벌레가 뒤섞여 있다. 날 도와준 부부는 이곳부터 남풀라까지는 관광객이 아예 없기 때문에 반드시 조심해야 한다고 신신당부한다. 그들은 조심하겠다는 나의 확답을 받고서야 밝게 웃으며 돌아섰다.

버스에 타자마자 쏟아지는 익숙한 시선들. 까만 피부와 대조되는 하얀 이를 가진 사람들이 호기심 가득한 얼굴로 나를 바라본다. 다들 손에는 도시락 같은 것들을 들고 있다. 아침부터 한 끼도 먹지 못한 나의 배에서 민망한 소리가 울리자 하얀 치아를 드러내며 너나 할 것 없이 자신의 도시락을 내민다. 치킨, 돼지고기, 야채… 종류도 다양하다. 비록 오늘 한 번도 씻은 적 없는 흙이 잔뜩 묻은 손이지만 그들처럼 손으로 조금 집어서 입안에 넣었다.

따뜻한 눈빛이 얹어진 따뜻한 밥을 먹으니 단출한 음식이 이렇게 맛있을 수가 없었다. 도착 시간은 24시간 정도 후. 그동안 함께할 사람들이기에 나도 내가 사 온 주전부리를 나눠 주고, 날 향해 방긋방긋 웃는 그들을 낙서하며 어우러졌다. 그때부터였다. 긴장이 풀어진 것이.

여행하는 지역이 어디든 간에, 그 누구와 있든 간에 항상 조심해야 한다는 것은 새기고 또 새겨야 한다마는 이토록 따뜻한 사람들과 함께이기에 괜찮을 것이라 생각했다.

밤 11시가 되자 버스는 멈춰 섰고, 빛이 하나도 없는 이곳은 해가 떠야만 다시 출발한다고 했다. 대부분의 사람들은 밖으로 나가 바람을 쐬고 있었지만 말이 안 통하는 그들과 대화를 할 수도 없어 버스 안에 앉아 있었다. 그러고는 심심해서 휴대폰 속 가득 들어 있던 〈세계테마기행〉 아프리카 편을 차례차례 보기 시작했다. 네다섯 개쯤 봤을까. 나도 모르게 휴대폰을 손에 쥔 채로 잠이 들었다.

그렇게 몇 시간이 지났을까. 햇살과 사람들이 움직이는 소리가 날 깨웠다. 어느새 잠든 걸까 하고 손을 보자 이상한 허전함이 느껴졌다.

손에 쥐고 있던 휴대폰이 사라졌다.
어디에도 없었다.

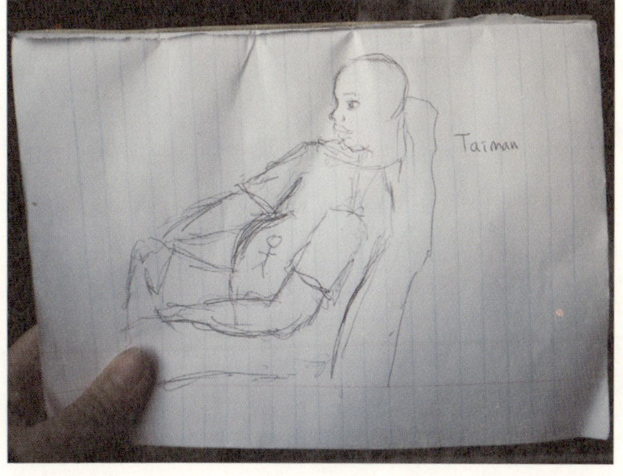
Taiman

아프리카의 어느 시골길 한복판, 달리는 버스 안에서 나는 바보처럼 엉엉 울었다. 버스 안의 모든 사람들이 나를 쳐다봤고, 모두들 걱정스러운 눈빛을 보내왔다. 말은 안 통해도 함께 맛있는 걸 나눠 먹고 미소 짓던 그들을 차마 의심할 수가 없었다.

그중 누군가가 말했는지 갑자기 모두들 구석구석에 있던 자신들의 짐을 꺼내 와 가방을 열고는 나에게 뒤져보라고 했다. 정말 한 명도 빠짐없이 모두가.

그 상황에서 내가 어떻게 그들의 짐을 뒤져볼 수 있었을까. 그들의 걱정하는 눈초리를 보자 더 이상 눈물을 흘릴 수조차 없었다. 애써 활짝 웃고는 괜찮다고, 버스에서 일하는 청년에게 경찰서에만 같이 가 달라고 부탁하며 앞으로 해야 할 일을 생각했다.

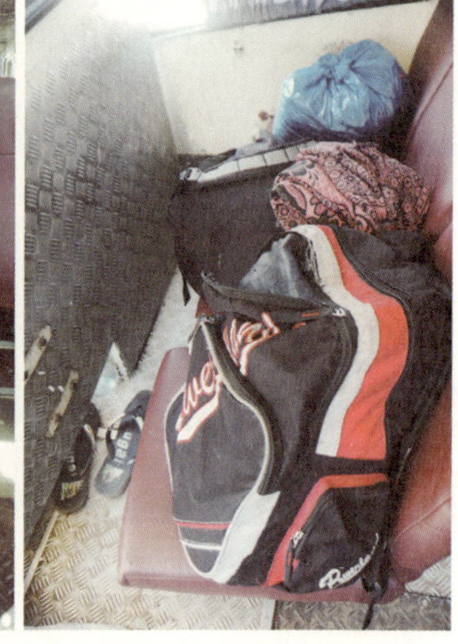

우선 베이라에서 내리면 여행자보험에 들어 놓은 것이 있으니 경찰서에 가서 폴리스 리포트를 떼고, 빨리 남풀라로 가는 버스를 타야지.

한참을 달린 후 버스는 베이라에서 멈추었다. 사람들은 꼭 찾으라는 말을 하고 자리를 떠났다. 그렇게 사람들이 떠나가자 경찰서에 같이 가주기로 했던 버스 청년이 갑자기 태도를 바꾸었다. 기다리란 말만 하기를 몇 시간째. 어느새 해가 지고 있었다. 청년은 내가 거는 말을 알아듣지 못하는 척했다. 예감이 좋지 않았다. 이대로 해가 지고 버스가 떠나면 베이라에서 하룻밤을 자야 하는데, 이곳에는 여행자를 위한 제대로 된 숙소가 없었다.

어쩔 수 없이 급하게 휴대폰을 구매한 후 다시 돌아오니 그는 이미 자리를 떠나고 없었다. 큰일이었다. 폴리스 리포트를 떼려면 꼭 증인이 필요했다.

가슴이 꽉 막힌 기분이었다. 여행자가 전혀 없을 법한 낯선 도시에서 몸만 한 배낭을 멘 여행자가 땟국물과 눈물 콧물을 흘리며 돌아다니니 낯선 사람들이 도와주겠다며 다가왔지만 이 상황에서 나는 그 누구를 믿을 수도, 믿고 싶지도 않았다.

그때, 아까부터 상황을 지켜보고만 있던 키가 족히 2m는 될 법한 큰 청년이 나에게 다가왔다. 자기도 모잠비크에 일하러 온 노동자이기에 가진 것이 없어서 도움을 줄 수는 없지만 적어도 경찰서에 데려다주고 상황을 설명해 주겠다고 했다. 도리가 없었다. 그는 내 커다란 배낭을 대신 메고 경찰서로 향해 갔다.

그러나 모든 상황은 불행의 전초전에 불과했다.

잃어버린 휴대폰, 머물 거라 생각 못한 낯선 동네, 아프리카에서 처음 들른 경찰서.

경찰은 나에게 폴리스 리포트를 떼려면 돈을 달라고 했다. 거절하는 나와 대신 싸워주는 친구 덕에 어느새 어둠마저 찾아왔다.

'사람 냄새'를 찾아서 온 모잠비크. 말 그대로 사람 냄새가 폴폴 풍기는 곳이었다. 다만 온갖 냄새가 뒤섞여, 나는 이곳이 너무나도 싫었다. 도시 전체에 풍기던 역한 냄새나 하루에 수십 방씩 물리는 모기, 습기와 더위, 샤파에 몸을 구겨 넣고 타는 것, 이동하려면 사람이 찰 때까지 한참을 기다려야 하는 것, 옆자리 아주머니가 잡아온 닭이 나에게 넘어 와 푸드덕거리는 것, 버스에 가득 찬 바퀴벌레가 자꾸만 내 몸에 닿는 것. 이런 것들은 모두 참을 수 있었다.

그러나 사람을 만나러 온 곳에서 만난 사람들. 버스에서 만난 소매치기, 길을 지나갈 때마다 '치나' 혹은 '칭챙총' 하고 놀리는 사람들, 저렴한 방은 꽉 찼다며 쫓아내는 숙소 주인, 도움을 얻으러 간 경찰서에서 끈질기게 돈을 요구하는 경찰까지. 나는 끝끝내 바닥에 주저앉아 엉엉 울어버렸다.

마침 여행의 권태기까지 겹쳐졌다. 반복되는 만남과 이별, 촉박한 시간. 가장 큰 문제는 나였다. 몸은 자꾸만 편한 것을 갈구하고, 돈은 여행의 안락함과 우유부단함까지 동시에 충족시켜 준다는 것을 알아버린 나. 유혹을 이기는 것이 힘들었다.

모든 일이 있던 저녁, 숙소를 구하지 못한 나는 길 위에 있었다. 가이드북에 적혀 있는 제일 저렴한 숙소에 갔지만 그들 역시 저렴한 방은 없다며 두세 배는 비싼 방을 권했다. 거리에는 괜찮아 보이는 식당들이 몇 개 있었는데, 그곳과 어울리지 않을 정도로 내 행색은 변변치 못했다. 땟국물이 줄줄 흐르고 손과 발에는 먼지인지 매연인지 모를 검은 것들이 잔뜩 묻어 있는 데다가 초저녁이지만 왠지 모르게 뻘뻘 나는 땀은 말라붙은 눈물에 뒤섞여 내 입술을 적셔 왔다. 짠 내가 났다. 길을 걸을 때마다 부는 바람에 묻어나는 나의 악취에 흠칫흠칫 내가 놀랐다.

내가 탔던 버스를 떠올리며, 그럴 수밖에 없는 곳이라고 합리화를 하며 차창 유리를 거울삼아 단장을 했다. 단장이라고 해봤자 머리를 다시 꽉 묶고 흘러나오는 옆머리를 귀 뒤로 넘기며 땀에 절어진 앞머리를 원래 그런 양 살짝 옆으로 모아 놓는 정도밖에 안 되지만. 한국에서의 진하던 화장을 생각하면 그 누구도 못 알아볼 정도로 초라한 행색이었지만 왠지 모르게 지금의 이 살짝 지저분하면서도 자연스러운 모습이 좋았다.

우리 엄마가 나의 이런 모습을 좋아했었다. 씻지 않고 뒹굴거리는 주말, 기름기는 줄줄 흘러나오고 머리는 산발인 채로 엄마 품에 있을 때, 가끔 엄마는 머리를 묶어 주며 잔머리를 귀 뒤로 넘겨 주었다. 진짜 하나도 안 예쁜 모습인데, "아이 예뻐. 우리 딸, 명경알 같네." 하며 머리를 쓰다듬어 주곤 했는데, 차창에 비친 내 모습이 왠지 그때와 비슷해서 다시 마음이 울렁울렁해졌다.

집에 가고 싶다.

정말로 집에 가고 싶다는 생각 딱 하나 밖에는 들지 않았다. 따뜻한 물에

샤워를 하며 내 온몸의 더러움을 씻겨 내고는 채 마르지 않은 머리칼로 식
탁 앞에 앉아 엄마가 해주는 쌀밥과 김치, 고기반찬. 계란프라이도 있으면
금상첨화겠다. 밥을 먹고는 양치도 하지 않은 채 거실로 가서 귀찮다는 엄
마를 붙잡아 귀를 파주고는 나도 파달라고 졸라야지. 그리고 켜진 텔레비
전 소리가 점점 줄어드는 것을 느끼며 슬그머니 잠에 빠져드는 거야.

아, 얼마나 행복할까.
하지만 성냥팔이 소녀의 성냥은 금세 다 타들어갔다.

눈을 떠보니 나는 아프리카 한복판, 초원도 인도양도 아닌 쓰레기가 즐비
한 회색빛의 낯선 작은 도시. 여행자는 코빼기도 보이지 않는 곳. 한숨이
절로 나왔다. 낯선 도시에서 나는 외쳤다.

"나는 이곳이 싫어,
모잠비크가 싫어. 너무나 싫어!"

아무리 외쳐도 그 말을 알아듣는 이가 하나도 없는, 영어가 통하지 않는
이곳이 싫었다. 모잠비크가 싫었다.

검은 대륙,
새 가족이 생기다

모잠비크를 원망하던 그 순간, 땀과 함께 마음도 찌들어가던 그 순간, 나
와 대조되게 반짝이는 따뜻한 빛을 내뿜던 식당에서 한 가족이 나왔다. 내
또래의 여자아이 두 명과 열 살도 안 되어 보이는 어린 남자아이 하나. 그
리고 인자해 보이는 부모님. 아마도 외식을 하며 가족의 온정을 나누다가
집에 돌아가려던 참이겠지. 혼자 날 걱정하고 계실 엄마가 더더욱 생각났
다. 그들을 멍하니 보고 있자 갑자기 그들이 내게 다가왔다.

"혹시 무슨 일 있어?"

유창한 영어였다. 마푸투를 벗어나고는 그 누구도 이렇게 유창한 영어를
구사한 적이 없었다.
들뜬 마음에 나는 어제와 오늘 있었던 일들을 이야기했다. 그리고 혹시 근
처에 저렴한 숙소가 있는지 물어보자 그들끼리 무어라 말을 하더니 인자
한 표정의 아저씨가 말을 건넸다.

"괜찮으면 우리 집에 머물러도 돼. 오늘은 너무 늦었으니 내일 버스표를
사러 함께 가자. 이 늦은 시간에 여기 있는 건 위험해."

겁이 많은 편인 나는 카우치 서핑을 했던 유럽 여행을 제외하고는 단 한
번도 낯선 사람의 집에 숙박을 한 적이 없었지만 아빠 옷깃을 붙잡고 들뜬
표정으로 나를 바라보는 꼬마아이를 보니 적어도 이 캄캄한 길 한복판보
다는 그들의 집이 안전하고 따스하리란 생각이 들었다.

사람에 데고 데여도 계속해서 사람의 따뜻함을 갈구하는 나도 참 바보 같았지만 나의 '힘듦'을 들어줄 누군가가 필요했다. 말이 안 통하는 곳에 있으니 세상에서 가장 소외된 곳에 있는 그런 느낌이었다. 그들은 내게 한줄기 빛이었다.

그들을 따라 들어간 아파트는 많이 낡고 작았지만 그들에게서 느꼈던 온기가 집안 곳곳에 켜켜이 묻어져 있었다. 그들이 따뜻하게 물을 끓여 화장실에 내오자 또다시 왈칵 눈물이 나왔다.

바보 안시내. 왜 여행 중엔 항상 울보가 되는 걸까.
여행 중에는 감정의 뜨거움과 차가움이 더 뜨겁고, 더 차갑게 다가온다.

오랜 시간 먼지에 뒤덮여 있던 몸을 따뜻한 물로 헹구어 내니 다쳤던 마음도 조금은 사그라지는 듯했다. 씻고 나서 문을 열고 나가자 고소한 냄새가 코끝을 찔렀다.

여덟 살배기 꼬마아이는 내가 딱 저 나이 때, 월드컵 시즌에 한참 입었던 'Be the Reds!' 티를 입고 있었고, 태권도를 전공했다는 내 또래의 친구는 도복을 입고 날 맞이했다. 그리고 따뜻한 음식을 그릇 가득 퍼주는 아주머니의 미소는, 비록 말은 통하지 않아도 무슨 말을 하는지 전해져 왔다. 자리에 앉아 고슬고슬 윤기가 도는 밥을 떠먹었다. 오늘 하루 무엇 하나 제대로 먹은 게 없었기에 허겁지겁 밥을 먹으니 이미 식사를 하고 온 그들도 맛있어 보였는지 한 숟가락씩 들기 시작했다. 실내를 감싸는 오렌지빛 조명이 이렇게 따뜻했던가.

My Africa Family

My Africa Papa :)

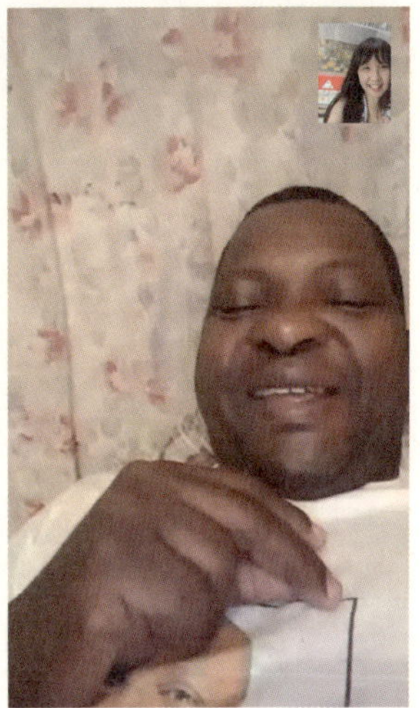

밥을 먹고 들어간 작은 침실의 작은 침대에 세 사람이 누워 짧은 영어로
대화를 나누었다.
오늘 먹은 밥, 학교생활, 친구들, 태권도, 남자친구. 마치 오늘 처음 나누는
대화가 아닌 것처럼, 태어났을 때부터 함께한 자매들과 자는 밤처럼 그렇
게 따스한 밤이었다.

아무래도 사람을 찾으러 모잠비크를 찾아 온 건 잘한 선택이었다. 그렇게
나는 버스를 갈아타기 위해 들렀던 도시 베이라에서 며칠을 더 머물렀다.

따스한 온기가 느껴지는 이불 속에서 나는 우주 속 커다란 별을 만들었다.
별을 만들기 전에는 별이 없이 살아왔지만 별이 사라지는 순간엔 내가 만
든 우주도 함께 사라진다. 사라지는 별을 꽉 붙잡았다.

새로운 인연을 만든다는 것은, 또 무언가를 내 가슴에 품는다는 것은 별처
럼 반짝이는 것. 그리고 그 인연을 잃는다는 것은 스러지는 별과 함께 내
가 만든 우주가 사라지는 것.
따스한 이불 속에서 나는, 온 우주를 다 가진 기분이었다.

지금도 일주일에 몇 번씩 아프리카의 나의 아빠는 아프리카 내 가족의 활
짝 웃음 띤 사진을 보내주며 내 손에 다시금 반짝이는 별들을 쥐여 준다.

여행자의 발길이 멈추는 곳, 모잠비크 아일랜드

마지막으로 딱 한 번만 더 믿어보자 하고, 또 한 번 닭들과 먼지 떼들을 이끌며 도착한 모잠비크 아일랜드. 그런데 이 작은 섬에서 너무나도 예쁜 향기가 나는 아프리카를 만나버렸다. 닭장 같은 트럭에서 내리는 순간, 이 꿈 같은 공간에서 나는 생각했다. 이곳에 오래 있다가는 영영 머물고 말겠구나.

숙소에 짐을 풀고 나온 해 질 녘의 거리와 칠이 벗겨진 유럽식의 건물들, '칭챙총'이라 놀리는 사람들 대신 품으로 파고드는 아이들. 거리는 한적했고, 물고기를 잡는 사람들이 저 멀리서 보이며, 파스텔 톤의 건물들은 이곳이 유럽인지 아프리카인지 아니면 실수로 동화 속 세상에 빨려 들어간 것인지 헷갈리게 만들었다. 좌충우돌 아프리카 여행 속에서 만난 꿈속 세상 같은 그런 곳.

딱히 동네에 무언가 있는 건 아니었다. 그저 반나절이면 다 돌아볼 수 있는 그 작은 섬을 나는 매일 같이 돌았다. 걷다가 잠시 멈춰 시장에서 동네 사람들과 함께 밥을 먹고, 쫓아다니는 꼬맹이들을 사진으로 담고, 미뤄 두었던 빨래를 말리러 옥상에 갔다가 내려다보이는 섬을 구경하고, 다시 시장으로 나가 저녁거리를 사고, 하나 있는 학교의 담벼락 너머를 구경하다 아이들의 손에 이끌려 교실 안으로 들어가기도 하며. 그리고 또 그들의 손을 잡고 나와 학교 앞에 즐비하게 파는 10원짜리 불량식품을 사 먹기도 했다. 해 질 녘 코를 자극하는 옥수수 냄새에 이끌려 아저씨 옆에 앉아 옥수수가 노릇노릇 익을 때까지 기다리는 그런 잔잔한 풍경들.

치기 어린 욕심이지만, 보여주고 싶지 않고 들려주고 싶지 않다고 생각했다. 누군가 그랬다. 가장 아름다운 건 입으로 나올 수 없다고. 그래서 가끔은 내가 가진, 내가 느낀 아름다운 것도 조금은 묻어 놓고 살라고. 내가 본 작은 아름다움을 꽁꽁 숨겨 놓고는 그 스멀스멀 퍼지는 향기에 내가 조금 더 아름다워지길 바라면서.

마푸투에 있는 윤성 오빠에게 메시지가 왔다.
모잠비크 아일랜드는 어떤 곳이냐고.

_이 까만 곳에서 유일하게 따뜻한 핑크빛이 감도는 그런 곳이에요.

_마푸투는 그렇게 싫다더니, 거기선 오래 머물겠네.

_아니요. 내일 떠나려고요.

가끔은, 내가 느낀 그 달콤함을 처음 맛본 느낌 그대로 기억 속에 묻어 두고 싶은 법이니까.
그렇게 나는 탄자니아로 올라갈 준비를 하기 시작했다. 누군가에게 환영받는 것이 참 감사한 일이라는 것을 다시금 깨닫게 해준 모잠비크에게 감사하며…

여행하다,
##　　　멈추다

길을 걷고 있는데 독특한 생김새의 아이가 커다란 장대를 들고 와 장난을
친다.
캐러멜색 피부에 갈색빛이 도는 뽀글머리 꼬마아이.

"넌 어디서 왔니?"

알아들을 리가 없는 꼬마가 여전히 장난을 친다.

소란스러운 소리와 함께 짙은 녹색의 대문이 열리고 한 여자가 밝게 웃으며 말을 걸어온다.

"여행자예요?"

12년 전 프랑스에서 왔다는 그녀는 계속해서 말을 이어나간다.

"12년 전의 내 모습 같아요. 나도 배낭 하나 메고 세계를 떠돌다 이곳으로 왔어요. 그리고 12년째 이곳에 있어요. 그런 생각을 했거든요. 여행을 하다가 마음에 드는 곳이 나타나면 거기서 남은 평생을 살아야겠다고. 거기가 이곳이에요."

12년 전의 그녀를 상상해본다. 아마 나와 비슷한 나이였겠지. 내가 이곳에서 느낀 그 잔잔한 아름다움을 그녀 역시 느꼈으리라. 어쩌면 나보다 더 온전히 느꼈겠지.

여행에 일정이 정해져 있다는 건 돈이 없는 것보다 더 힘들다는 걸
자신이 가장 아름답다고 여기는 곳에서 누구나 느낄 거야.

빈 주머니보다 귀국행 티켓이 원망스러운
바람이 살랑살랑 불어오는 저녁이었다.

며칠간 미루어 둔 빨래를 해서 옥상에 널었더니
새벽녘 세차게 소나기가 왔다.
다시 걷어 세탁을 하려고 옥상에 갔다.
흙탕물이 나오는 수도보다 오염 없는 이곳의 비 냄새가
옷 사이로 스며들어 코를 박으니
모잠비크의 하늘 냄새가 슬그머니 비집고 나오는 듯하다.

그냥 그대로 두기로 했다.
여행이 끝나고도 이 빗망울이
옷 섬유질 어디엔가 머물고 있으면 좋으련만.

산을 넘고
강을 건너서

드디어 탄자니아로 간다.
그곳은 여태까지의 여행지들과 다르게 볼 것도 많고 할 것도 많으며, 여행자도 많고 나쁜 사람도 많다던데, 어째 다들 숨은 길로만 다니는지 가는 방법이 제대로 나와 있지 않았다.
블로그에 딱 하나 있던 오래된 정보에선 한 가지 사실만이 눈에 들어왔다.
가는 데 굉장히 힘들다는 것.

뭐, 이왕 아프리카까지 온 건데 조금 힘들면 어때. 다시 남풀라로 돌아와 탄자니아로 가는 방법을 물어봤지만 숙소 주인아주머니도 잘 모르겠다고 했다. 다들 이집트에서부터 남아공까지 내려가지, 나처럼 남아공에서 위로 올라가는 사람은 거의 없기 때문이란다. 일단은 국경도시까지 가야 했는데 가는 버스도 없다고 했다. 버스와 트럭들이 오가는 곳으로 가 물어보니 잘 찾아가라는 확신 없는 대답만 돌아왔다. 불안한 마음을 안고 탄자니아로 갈 채비를 했다.

"모침보아 다 프라이아."

어설픈 발음으로 무작정 국경도시를 외치면서 다녔다. 어차피 말이 안 통해서 물어볼 수가 없었기 때문이다. 다들 우렁찬 목소리에 관심을 가져 주는 걸 보니 한국에 가면 찹쌀떡 장사를 해도 잘 되겠거니 생각하며 내가 타야 할 트럭을 찾아다녔다. 한 번에 가는 트럭은 없고 몇 번을 갈아타야 한다는데 이렇게 말도 안 통하면서 제대로 갈 수는 있을까 싶었다.

그런데 누군가 한 트럭으로 날 데리고 갔다. 뭐라 하는 건진 모르겠지만 이게 맞겠거니 싶었다. 낡은 트럭의 뒷좌석에 십수 명의 사람들과 끼여 앉았다. 사람들이 주는 돈을 보고 따라 준 후 또 어딘지 모를 곳에서 내린다. 모든 사람들이 쳐다보는 가운데 길가에 선 나는 다시 한 번 "모침보아 다 프라이아!" 하고 외친다. 돈 많은 여행자들은 차를 대절해서 간다던데 나에겐 어림도 없었다. 아니, 사실 이 순간이 더 행복했다. 비바람이 부는 뚜껑 없는 트럭에서 사람들과 함께 옥수수를 나눠 먹고, 사진을 찍고, 비가 더 세차게 오면 흙이 지저분하게 묻은 천막을 다 같이 둘러쓴다. 그 속에서 서로의 얼굴을 보면 웃음이 터진다. 마치 비 오는 날 큼지막한 이불을 뒤집어쓰고 무서운 이야기를 하며 벌벌 떨던 어린 시절의 그날 같아서.

차를 갈아타길 몇 번, 마지막 트럭인지 한 시골 마을에서 다가온 트럭에서 마침내 모든 사람들의 목적지가 '모침보아 다 프라이아'라고 했다. 트럭만 하루 종일 탔기 때문에 볼일 한 번을 못 본 나는 SOS를 요청했으나 알아들을 턱이 없었다. "피이이이~ 쉬이이이~" 열심히 소리를 내며 손짓발짓을 하니 아주머니들이 내 주위로 천을 둘러 싸 볼일을 보게 해준다. 곧 탄자니아로 갈 생각을 하니 이마저도 즐겁다.

트럭에 타자 언제 소문이 났는지 이 조그마한 마을의 사람들이 다 모여들었다. 나를 보면서 무언가 말을 했지만 포르투갈어라고는 '아미가'밖에 몰랐기에 방긋 웃음만 지어 보였다.
그리고 내 앞으로 옥수수 바구니를 든 청년이 다가왔다. 옥수수를 사라는 뜻이려나? 사실 아프리카에 와서는 매번 바가지를 썼던 탓에 나는 사지 않겠다는 표시로 손을 저었지만 청년은 끈질겼다. 내가 옥수수를 처음 보는 줄 아는 건지 먹을 수 있는 거라는 시늉을 했다. 하지만 인출한 돈을 다

써가고 있어서 청년에게 계속 손사래를 쳤더니 이번엔 트럭 안 모든 사람들이 나에게 옥수수를 권한다.

트럭이 간다는 시늉을 하자 청년이 덥석 내 손에 옥수수를 쥐여 준다. 빈 동전 지갑을 보여주었지만 그저 활짝 웃기만 하고 잘 가라는 손짓을 한다. 아무래도 선물인가 봐. 손에 따스한 온기가 감돌았다. 돈을 아끼려고 자주 먹어 물려버린 옥수수지만 유독 달콤하게 느껴졌다. 나도 청년을 향해 손을 흔들었다.

세상이 깜깜해지고 나서야 마지막 도시에 도착할 수 있었다. 가이드북에 나온 한 줄짜리 정보에 의하면 새벽 4시 반에 국경으로 가는 차를 탈 수 있다고 했다. 조금이라도 잠을 청해야 했기에 방을 잡았다. 시트를 한 번도 갈지 않은 것 같은 방을 1만 원에 잡았는데 옆방 청년은 반도 안 되는 금액을 내고 머문단다. 정보가 없어 된통 당하기만 한 모잠비크는 마지막까지 여전했지만 적응이 된 건지 그저 헛웃음만 나왔다.

제대로 먹은 게 없어 무언가 먹을 만한 게 있나 하고 밖으로 나가봤다. 동네 사람들은 어둠 속에서도 내가 잘 보이는지 '칭챙총' 놀려댔다. 대꾸할 힘도 없어 숙소로 돌아와 우물물을 퍼 몸을 닦아 낸 후 잠을 청했다.

아직 해가 뜨기도 전이지만 창밖으로 나를 픽업하러 온 차 소리가 들렸다. 덜 마른 빨래를 걷고 차에 몸을 싣는다. 어디가 됐든 국경을 넘는 일은 가장 설레면서도 한편으론 두렵다. 차 안의 다른 사람들은 경치에 환호성을 지르며 창밖을 구경하는 듯했지만 장거리 이동 탓에 제대로 눈이 떠지지 않아 계속 잠을 청했다. 정신없이 졸다가 눈을 떠 보니 어느새 모잠비크

Hahaha!! :p

국경. 그런데 이제 차에서 내려야 한다고 했다. 보통 두 나라의 국경은 붙어 있기 마련이지만 탄자니아 국경으로 가기 위해서는 산을 넘고 또 강을 건너야 한다고.

여기까지 얼마나 고생해서 왔는데 또 고생길이 펼쳐졌다. 진흙밭이 시작되었기 때문에 차도 더 이상 이동하지 못해 걸어가야 했다. 아프리카를 두 달 새에 여행한다는 것은 정말 바보 같은 생각이라는 마음으로 사람들과 함께 진흙밭을 걸어 나갔다. 한 발자국 내딛자 신고 있던 슬리퍼가 똑 하고 떨어졌다. 사람들은 뭐가 즐거운지 내 발을 보며 웃어댔고, 그 웃음에 나도 마냥 즐거워져 그들을 향해 미소를 내비친 후 맨발로 한참을 걸어갔다. 모두가 지쳐갈 때쯤 나는 노래를 불렀다. "정글 숲을 지나서 가자 엉금엉금 기어서 가자." 내 노래를 서투르게 따라하는 귀여운 사람들 덕에 긴긴 국경 넘기가 마냥 즐겁기만 했다.

한참을 걷다 해가 따사로워질 때쯤 나온 강. 배를 타고 건너가야 했다. 하루에 두 차례 오는 큰 배는 가격이 쌌지만 한참 기다려야 했고, 1시간마다 오는 작은 나룻배는 열 배나 더 비쌌다. 사실 한국 돈으로는 별 차이 아니긴 했지만 배낭을 풀고 진흙투성이 발로 거닐면서 때 묻지 않은 자연을 느끼기로 하고는 큰 배가 올 때까지 기다렸다.

고독과 방랑의 길

탄자니아

♦♦♦ 배를 기다리는 동안 국경을 넘어 탄자니아로 향하는 사람들이 여기 저기에 보였다. 탄자니아 출신 사람들도 많아 오랜만에 영어를 쓸 수 있었다. 그때 진흙투성이가 된 커다란 차 하나가 강을 향해 다가왔다. 아프리카에서 보기 힘든 좋은 차였기 때문에 눈이 번쩍였고, 차에선 오랜 기간 본 적 없던 아시아인들이 내렸다.

나이는 나보다 최소 두 배씩은 많아 보였지만 들뜬 마음에 가서 말을 걸었다. 안타깝게도 영어를 구사하진 못했지만 사전을 동원해 대화한 결과 중국인처럼 보였던 그들은 중국계 베트남인. 모잠비크에 회사가 있는데, 사업차 그리고 휴가차 탄자니아로 가는 거라고 했다.

그들에겐 비서도 있었지만 그 역시 포르투갈어밖에 할 줄 몰랐기에 내심 걱정됐다. 그들은 내가 며칠간 끼니도 챙기지 못한 걸 어떻게 알았는지 빵과 꿀을 주고, 발과 옷에 잔뜩 묻은 진흙을 닦으라며 물티슈도 건네 왔다. 배를 기다리며 사전으로 대화하길 수십 분, 드디어 저 멀리 배가 보였다.

하지만 배를 타고 건너면 그 근처의 도시로 가 하룻밤을 머문 후 다음 날 수도 다르에스살람으로 가야 하는 빡빡한 일정. 그런데 그들 또한 나와 같이 다르에스살람으로 간다고 했다.

여행을 시작한 지 한 달 남짓, 난항에 난항을 겪다 드디어 행운이 오나 보다. 그들은 내게 자신들의 차를 타고 다르에스살람으로 갈 것을 권했고 시간과 경비를 절약하며, 심지어 가는 동안 이야기를 나눌 친구들이 생긴다고 생각하니 더할 나위 없이 즐거웠다.

그렇게 차를 타고 한참을 달려가며 대화를 했다.
이 조그마한 몸으로 어떻게 돌아다니느냐 물으며 사전으로 계속 질문을 해왔지만 베트남어와 한국어를 번역하기엔 사전도 힘이 달리는 듯했다. 우린 서로의 질문 중 절반은 알아듣지 못했다. 나야말로 그들에게 어떻게 이런 영어 실력을 가지고 떠나왔느냐 묻고 싶었지만, 내 첫 여행을 생각해 보면 그래도 그들은 함께이기에 괜찮겠다고 생각했다.

차를 타고 만나는 경찰들에게 대신 영어를 해주며 짐짓 내가 이 사람들의 보호자라는 생각이 들었다. 여행지에서는 '나이'라는 개념이 존재하지 않기도 한다. 내 나이 두 배의 이 사람들은 나에게 완전히 의지하고 있었다. 차는 밤이 늦어서야 그들의 호텔 앞에 도착했고, 나는 숙소비가 엄청 비싼 다르에스살람에서 그나마 저렴하다고 알려진 YWCA로 향하려 했다. 그런데 그들이 호텔 직원의 영어를 알아듣지 못하여 나는 결국 그들의 여권으로 체크인까지 해주게 되었다. 이로써 나를 데려다준 것에 대한 보답은 될 듯했다. 그런데 그들이 룸 카드 중 하나를 주더니 늦었으니 여기서 머물러도 괜찮다는 시늉을 하는 것이 아닌가.

5성급 호텔, 일박에 200달러 정도. 가난한 배낭여행자의 신분으로 감히 꿈도 꿀 수 없는 곳이었다. 옆을 보니 탄자니아에서 가장 빠른 와이파이를 보유하고 있다는 문구가 눈에 들어왔다.

예전 같았으면 이런 친절은 받기가 부담스러워 거절했겠지만 늦은 시간에 다른 숙소로 향할 생각을 하니 엄두가 나지 않았다. 그래서 그들에게 베트남어로 감사함을 전하며 미리 작별을 고하고는 방으로 들어갔다.

어제까지만 해도 빛도 안 들어오는 곳에서 몸을 닦아내던, 빈대가 가득한 곳에서 다리를 벅벅 긁으며 잠에 들던 나였는데, 샤워기에선 따뜻한 물이 나오고 먼지 한 톨 없어 보이는 새하얀 침구는 푹신하기만 했다. 창밖으로 내다본 아프리카의 도심 풍경은 서울이 부럽지 않을 정도였다. 이제 곧 킬리만자로로 향하는 나를 위한 달콤한 선물인가 보다. 하룻밤의 달콤한 시간을 잔뜩 누려야겠다고 생각했다.

킬리만자로가 있는 모시로 향하려면 이른 새벽에 일어나야 했다. 언젠가 나도 따뜻함을 베풀 줄 아는 사람이 되길 바라며, 호텔 조식은 얼마나 맛있으려나, 먹지 못할 나를 안타까워하며 그렇게 금세 잠이 들었다.

킬리만자로를 향하여 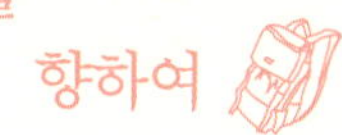

가슴이 떨렸다. 버스를 타고 9시간을 더 달려 드디어 모시에 도착했다. 창밖으로 우뚝 솟아 있는 산이 보였다.

킬리만자로.

왜 하필 아프리카냐고 묻는 사람들에게 구구절절 설명을 하다가 결국 마지막에 꺼내는 말이 그거였다.

"사실 킬리만자로 때문이야. 난 킬리만자로를 정복하고 싶어. 내가 갈 수 있는 곳 중 가장 높은 그곳을 말이야."

5895m. 일반인이 갈 수 있는 산 중 가장 높은 산. 그곳만 생각하면 이상하게도 가슴이 벅차올랐다. 물론 내가 성공할 거란 보장은 없었다. 지난 여행 때 히말라야가 보이는 아름다운 곳에서 고산병으로 잔뜩 고생했던 나는 산의 무서움을 누구보다 잘 알고 있었다. 하지만 나의 아프리카는 킬리만자로였고, 떠나기 전날까지 밤새 꾹꾹 눌러 그린 후원을 해준 사람들의 얼굴과 정성을 킬리만자로에서 펼칠 생각이었다.

너도 할 수 있어.

그 말을 전하기 위해선 나는 반드시 킬리만자로를 완주해야 했다.

모시에 내리자마자 이름부터 설레는 킬리만자로 백패커스로 향했다. 대충 배낭을 던져 놓고 킬리만자로로 가기 위해 포터와 가이드를 구하러 나섰다.

좋아, 내일 바로 출발하자. 망설일 것도 없어.
내가 이 도시로 온 것은 오로지 킬리만자로 때문이었으니 말이야.
새벽 6시, 그때부터 시작된다. 내 진짜 여정이.

그때는 알지 못했다. 킬리만자로는 생각보다 아름다운 산이 아니라는 것,
역시나 산은 무서운 존재라는 것,
내 인생에서 다시는 이렇게 힘든 일은 해볼 수 없을 거라는 것.

지독하게 외로운 감정이 생각의 고리를 연다.
어느새 풍경들은 먼발치로 사라지고 남은 것은 오직
나와 흙과 돌, 그리고 내가 올라야 할 오르막뿐이다.
나를 토닥여 줄 사람이 없는 이곳에서 나는 어른이어야 한다.

이 긴긴 외로움의 여정은 훗날 내 인생의 여정만큼 고달플 거야.
나의 미래, 삶, 역경, 숨이 차오름과 동시에 느껴지는 압박감
잠시 불어오는 시원한 바람이 피부에 닿는 뜨거운 감정
걸음걸음을 옮길 때마다 지나가는 처음 보는 식물들
혹은 발아래 깔린 구름들.

나는 아직 해본 것보다 해보지 않은 것이 더 많구나.

3220m에서.

물
한 바가지 

하루에 두 번 주는 작고 파란 바가지에 담긴 물.

나는 물 한 바가지로 온몸을 씻는 법을 배웠다.

어릴 적 본 일본 만화에서처럼 작은 탕에 물을 받아
아빠, 엄마, 아이순으로 씻던 그 시절처럼

그 적은 물로 얼굴을 닦고, 몸 그리고 발까지 씻어낸다.
이곳에서는 씻는 것도 참 재밌다.
어제는 이 물로 고작 세수와 발만 닦았는데
오늘은 머리도 감아 낸다.

역시 무얼 하든 무슨 상황이든
다 마음먹기 나름인가 보다.

Last day of
Kilimanjaro

"폴레 폴레(천천히 천천히)!"
멀리서 마사가의 외침이 들렸다. 숨이 계속해서 막혀 오고 졸음은 미친 듯이 몰려왔다. 정신이 몽롱하다. 졸면 안 된다.

5500m, 경사는 미친 듯이 가팔랐고, 이제는 내려갈 수도 없는 상황이었다. 쏟아져 내리는 별들 따위는 눈에 보이지도 않았다. 캄캄한 어둠과 헤드랜턴이 비추는 나아가야 할 길뿐이었다. 화산재 자갈길은 내 마음을 조금도 모르는지 한 걸음 내딛으면 두 걸음 미끄러져 내려갔다.

"마사가… 스톱… 플리즈… 조금만, 조금만 쉬었다 가자…." 다섯 걸음 걷고 쉬고, 다섯 걸음 걷고 쉬고. 그러나 아무리 쉬어도 쉰 것 같지가 않았다. 가방 속의 물을 꺼내니 이미 반쯤 얼어 있었다. 마셔도 마셔도 갈증은 해소되지 않았고, 그 차가운 시림이 하나도 느껴지지 않을 정도로 정신은 몽롱했다. 한 걸음 한 걸음이 천근만근이었다. 몸에 맞지 않는 무거운 트레킹화를 신은 탓에 온 다리의 근육이 갈기갈기 찢어지는 느낌이었지만 밀려오는 졸음에 비하면 아무것도 아니었다.

산의 힘이란 실로 무서운 것이었다. 5000m를 날아가듯 당차게 오르던 나는 어디에도 없었다. 길은 감히 상상할 수 없을 정도로 가팔랐고 끝은 보이지 않았다. 바위에 쓰러져 한심하게 밤하늘을 멍하니 보고 있는 나만 존재할 뿐이었다. 하나둘씩 포기하며 포터에게 몸을 의지한 채 하산하는 사람들이 보이고, 바위에 쓰러져 있는 사람들도 보였다.

계속 길이 겹쳤던 영국 가족의 아들은 키보 산장에서 이미 하산을 결정해 보이지 않았고, 그의 어머니는 주저앉아서 엉엉 울고 있었다. 그래도 그들은 달래줄 가족이 있구나. 나는 또 철저히 혼자였다.

해내야 한다.

해내야 한다는 압박감은 나를 더 죄여 왔다. 50퍼센트, 킬리만자로 정상 등반의 성공률. 대부분 5000m 언저리 그리고 정상 직전인 5600m쯤에서 포기를 한다. 언뜻 보면 높아 보이는 성공률이지만 킬리만자로 등반비가 100만 원이 훌쩍 넘는 것, 대부분의 사람이 오로지 킬리만자로 정복을 위해서 그 먼 길을 찾아오는 것, 그간 씻지도 못하며 올라왔던 길들을 생각하면 '포기'에 얼마나 많은 무게가 실려 있는지, 또 그 결정이 얼마나 크고 힘든 것인지 느껴질 것이다. 체력의 문제가 아니었다.

모두에게 찾아오는 고산병. 그걸 어떻게 버텨내느냐의 문제였다. 정신력, 모든 것이 부족한 내가 유일하게 가졌다고 생각했던 것. 큰 오만이었다. 어린 시절부터 체력이 좋은 편은 아니었다. 그런 나에게도 딱 하나 잘하는 게 있었으니 바로 오래달리기였다. 달리기가 아무리 느려도, 그래서 꼴찌를 하더라도 오래달리기만큼은 터질 것 같은 심장, 그 폭탄을 안은 상태에서 참아내면 되는 거였다. 그래서 나는 당연히 해낼 줄 알았다. 산을 너무 쉽게 생각한 것이다. 산은, 잔뜩 높아져 있던 코를 단번에 베어냈다. 나를 비웃기라도 하듯 어느새 나의 정신력까지 옭아내고 있었다.

머리는 망치로 때리는 듯이 나를 죄여 왔고 희박한 산소는 마시고 마셔도 부족했다. 무엇보다 미친 듯이 몰려오는 졸음이 가장 큰 문제였다. 자꾸만 발을 헛디뎠다. 마사가는 자꾸만 눈이 감기는 나를 채찍질했다.

“이게 네 꿈이라며.
너만 힘들어?
여기서는 누구나 다 머리 아파. 너 약하지 않잖아.”

“괜찮아. 지금은 끝이 안 보여도 계속 오르고 또 오르면 보일 거야.
곧 아침이 오고 해가 떠오르면 조금 더 나아질 거야.”

“절대로 포기하지 마. 어찌되었든 끝은 있어.”

마사가의 마지막 말에 나의 마음이 조금 더 꿈틀거렸다. 나의 포터 마사가
는 나를 다룰 줄 알았다. 손을 잡거나 부축을 해주는 일은 나를 더욱 나약
하게 만든다는 것을 알고 있었다. 나에게서 멀어진 후 내가 다가오길 한참
기다렸다가 그를 붙잡으려 하면 그는 다시 앞으로 걸어 나가 조금 떨어진
곳에서 나를 기다렸다. 혼자서 끝말잇기를 해가며 졸음을 버텨냈다. 길은
정말로 끝이 없었다. 계속해서 걷고 또 걷고, 오르고 또 올랐다. 그리고 그
후 몇 시간은 어떻게 올라갔는지 기억이 없다. 정말 죽을 만큼 힘들었다는
것밖에는. 어쩌면 이곳에서 죽는 것이 아닐까 하는 인생에서 처음 느껴본
엄청난 공포밖에는.

마사가의 외침에 뒤를 돌아보니 어느새 해가 떠오르고 있었고 저 멀리 손
톱만 하게 우후루 피크, 정상의 표지판이 보였다. 마사가의 마지막 말이
생각났다.

절대로 포기하지 마. 어찌되었든 끝은 있어.

햇살이 나를 비추어주자 신기하게도 졸음은 가시고 굳어져 있던 다리가 조금씩 풀려 갔다. 발아래 내려다보이는 빙하와 구름 그리고 하늘은 오렌지빛과 핑크빛으로 물들어 있었고 나는 마지막으로 힘을 냈다.
이미 정상을 정복하고 하산하는 사람들이 보이기 시작했다. 내 등을 토닥거리며 "할 수 있어!"라고 외치고 지나간다. 할 수 있을 것 같은 예감이 든다. 여전히 꿈속을 걷는 기분이지만 발의 굳은 감각이 조금씩 풀려 간다.

그리고 천근만근의 발을 옮겨 마침내 보이는 우후루 피크. 5895m.

아프리카의 정상.

정상에 발을 딛자 미친 듯이 눈물이 났다. 우습게도 킬리만자로에 흩뿌린 눈물방울은 '내가 해냈다' 따위의 가슴 벅찬 눈물이 아니었다. 발밑에 내려다보이는 긴긴 산행 길, 다시 돌아가야 하는 길, 하산에 대한 공포심 때문이었다. 마사가는 내 콧물을 닦아준 후 나를 번쩍 들어올렸다.

아, 해냈구나.
그리고 나는 다시 기억이 없다.

문득 문득 떠오르는 것들은 마사가의 손에 이끌려 다시 내려갔다는 것과 타이레놀 약통이 비어 버린 것, 죽을 만큼 힘들었다는 것, 걷는 도중 잠들어서 몇 번을 넘어진 것. 그리고 마지막으로 정신을 차렸을 땐 키보 산장이었다.

하루가 길었다. 17시간의 고통스럽고 긴 산행은 끝났다. 가벼운 길을 내려가기만 하면 된다. 마음이 편하고 뒤늦은 가슴 벅참이 찾아왔다. 사람들의 상기된 표정이 보였다.
나에게 매일 미소국을 나누어 주던 일본인 할아버지는 결국 정상을 찍은 후 실려 내려갔다고 한다. 그의 강인한 의지에 눈물이 나면서 부끄러움을 느꼈다.

산은 또 한 번 나를, 다시금 나로 만들었다. 발가벗겨진 나로.
나란 아이는 그렇게 강하지도 또 그렇게 약하지도 않았다.

남아 있는 몇 명과 대화를 나눴다.
모두 같은 말을 내뱉고 와하하 웃는다.

"내 인생에서 감히 상상할 수 없을 만큼의 최고의 경험이었어. 그리고 최악의 경험이기도 했지. 절대 두 번은 못 할 거야. 절대로."
"1만 달러를 준다 그래도 안 하지, 하하."

이렇게 킬리만자로의 마지막은 유쾌한 웃음과 함께 마무리되었다.
그리고 나의 여정은 아직 끝나지 않았다.

모시라는 마을

킬리만자로 등반이 끝나고 다시 모시로 내려왔다. 내가 머물던 곳은 6인 도미토리였지만 작은 사치를 부리고 싶어 독방으로 옮겼다. 킬리만자로 등반을 잘 마친 나에 대한 선물이기도 했고, 잠시 아무와도 대화하고 싶지 않은, 그런 고독을 더 즐기고 싶었다. 그리고 혼자만의 공간을 가진 게 너무나 마음에 들어 모시에 며칠 더 머물기로 결정했다.

모시 사람들은 친절했고 안전했으며 멀찍이 보이는 킬리만자로는 아름다웠다. 숙소 옆에서 파는 1천 원짜리 잔지바르 피자는 어느 도시에서 파는 것보다 맛있었다. 무엇보다 아이스 라테와 케이크를 먹을 수 있는 한국식 카페가 있었다. 한국 사람들이 꽤 보였고 일본 사람들도 많아서 그곳에 가 있노라면 잠시 한국으로 돌아간 듯한 그런 기분이었다. 여러모로 마음에 쏙 드는 도시였다.

글을 쓰고 또 글을 썼다. 나의 작은 공간이 지겨워지면 침대로 옮겨서, 또는 카페에서, 게스트하우스 조식 시간에 옥상에서 커피를 마시며, 혹은 야외 레스토랑에서 제일 싼 음식을 시키고 킬리만자로를 바라보며, 잠깐씩은 저 높은 곳에 있던 나의 모습을 떠올리면서. 가슴이 뭉클해지는 그런 도시에서는 글이 술술 나왔다. 내가 본 풍경들을 글에 담아내고 내가 느낀 감정들을 글로 토해냈다.

배부른 사람

모시에 머물던 중 한 선교사님을 만나 더 작은 마을을 향해 가보기로 했다. 선교사님과 함께한 나날들을 통해 나는 더욱더 가까이에서 아프리카를 마주하게 되었다.

차를 타고 도착한 숲 속의 작은 마을. 작고 낡은 집들이 고르지 못한 내 치열처럼 삐뚤빼뚤 뜨문뜨문 퍼져 있었다.

선교사님이 운영한다는 작은 학교의 기숙사에 갔다.

전기도 들지 않는 낡은 공간에서 창문 새로 들어오는 햇살을 형광등 삼아 공부를 하고 있는 청년을 보았다. 내가 들어온 것도 모른 채 얼마나 오랫동안 건네져 왔는지 모를 누런빛의 낡은 책을 뒤적이며 공부하는 청년에게 한걸음 더 다가갔다.

그에게 다가서자 문득 모잠비크를 여행할 때가 생각이 났다.

그곳에는 일을 하지 않는 사람들이 넘쳐났다. 왜 저렇게 시간을 낭비할까. 무어라도 하면 그래도 좀 나을 텐데. 그래서 그들에게 물었다. 너희 나라 사람들은 왜 이렇게 일을 안 하며 사는 사람이 많으냐고. 그러자 누군가 대답했다.

"어쩔 수 없어. 아무리 대학을 졸업하고 직업을 가져봤자 30만 원도 못 버는데. 그럴 바에는 대학도 안 가는 게 나아. 그냥 안 움직이며 이렇게 시간을 때우는 게 밥값도 아끼고 식비도 아낄 수 있거든."

무언가 최선을 다해 노력하면 변할 거라는 우리의 확신이나 희망 같은 것, 살아가는 이유이자 버팀의 목적 같은 것. 나는 또 한껏 오만한 생각을 했구나. 오만하고 철없는 나는 그들의 삶을 기만했구나. 어쩌면 삶이란 것이, 그들에겐 어쩔 수 없이 이어나가야만 하는 하루하루 버팀의 연속 같은 일이란 걸.

그런데 그는 왜 빛도 들지 않는 캄캄함 곳에서 이토록 혼신을 다해 공부하고 있는 걸까.
이제 고작 열아홉 살인 소년은 간호사가 되는 것이 꿈이라 했다. 그 간호사라는 직업이 이곳에서 돈을 많이 벌 수 있는 거냐고 물었더니 그것은 아니라고 했다. 그는 에이즈에 걸린 사람들이 유난히 많이 사는 이 작은 마을에서 자라왔고, 그들을 봐 왔다. 캄캄한 미래지만 그래도 그들에게 한줄기 빛이 되고 싶어서 그는 끝없이 공부를 한다고 했다.

투명한 눈동자가 나를 바라보았다.
탁한 내 눈동자와 마주친 투명한 눈빛이 더 말간 빛을 띠었다.
그 눈앞에서 나는 거짓을 보일 수가 없었다.

그를 통해 열아홉의 나를 떠올려본다. 그 시절 외벌이를 하던 우리 엄마는 몸이 아팠고, 공부를 해도 원하는 대학이 아니라 학비가 싼 대학에 갈 수밖에 없던 현실을 원망했다. 내 꿈이 산산조각 나겠구나 하며 현실을 원망하고 일찍이 빛을 받거나 주는 사람이기를 포기했다. 세상에 대해 마냥 투

정만 내뱉던 나의 열아홉이 부끄러워 잠시 숨을 죽였다. 금수저, 은수저,
흙수저. 그 많고 많은 중에 왜 하필 흙수저인 것일까 생각했던 내 스물셋
은 차마 고개를 들 수 없었다.
그는 곧 시험이 다가온다며 다시 닳고 닳은 책으로 눈을 돌렸다.

나도 함께 눈을 돌렸다.
캄캄한 기숙사의 구석구석이나 먼지가 내려앉은 책장 말고
낡고 닳아 곧 찢어질 것만 같은 그의 책이 아니라
창틈으로 내리쬐는 햇볕의 따스함을 만끽하며
걸음걸음을 내딛는 우직한 그의 등으로,
연필을 꽉 쥔 그의 단단한 손가락으로,
앞으로 그가 걸어가게 될 가시 가득한 수풀 속에서도
해가 내리쬐는 반듯하고 곧은길로.

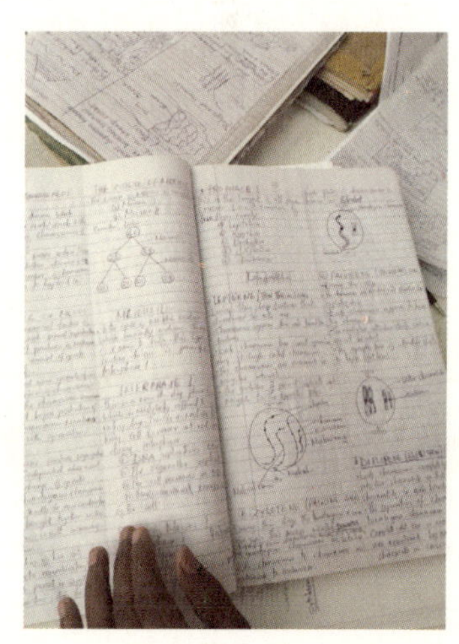

4년간의 방랑,
엿보다

나 말고 아프리카를 여행하는 한국인이 또 없을까 싶어서 종종 인스타그램에 들어가 #아프리카, #탄자니아 등 이것저것을 검색하며 찾아봤다. 하지만 아무래도 나와 같은 시기에 같은 곳에 있는 여행자를 찾기란 쉽지 않았다.

여느 날처럼 게스트하우스의 옥상에 앉아 와이파이를 누리며 다른 여행자들을 찾고 있는데, 전부터 지켜본 자전거 여행자가 머나먼 길을 거친 끝에 드디어 탄자니아에 입성했다는 것을 알게 되었다. 에티오피아에서부터 내려왔으니 탄자니아 북부의 모시까지는 얼마 안 남았겠구나 생각하던 찰나, 그에게서 메시지가 왔다.

조금만 더 자전거를 타고 달리면 모시에 도착한다고, 한국인을 본 적이 너무나 오래되어서 꼭 만나고 싶으니 조금만 기다리라고. 모시에서 하는 일이라고는 커피를 마시는 것, 글을 쓰는 것, 동네 사람들과 이야기를 나누는 것 말고 별다른 게 없었기에 나 역시 손꼽아 그를 기다렸다.

여느 때처럼 밤마을을 다녀온 저녁, 방에 들어가니 엄청난 크기의 낡은 배낭과 짐 더미가 보였다.

그다. 그가 왔다.
그가 있을 법한 옥상으로 달려갔다.
뒤돌아있는 두 남자. 수더분하게 자란 머리칼이 보였다.
그다.

들뜬 마음에 "안녕하세요!"라고 큰 소리로 외치니 멀리서부터 반색하는 그의 모습이 보였다.

언제 잘랐는지 모를 지저분한 머리에 아프리카의 따가운 태양을 혼자서만 맞은 듯 까만 피부. 장기 여행자라면 포기하고 마는 말끔한 턱 대신 자라나 있는 수염.

누군지도, 어떤 여행을 하는 사람인지도 잘 몰랐지만 그의 여행이 얼마나 고단하고 녹녹지 않던 여정이었을지 금세 알 수 있었다.

나이는 스물아홉, 4년 전 자전거 하나만 들고 떠나왔다. 그렇게 느리게 세상을 돌아다녔지만 4년이 지난 지금도 갈 곳이 한가득 남아 있다고 했다.

4년쯤 여행을 하면 어떤 기분일까, 일반적인 여행자가 못 가는 수많은 숨겨진 도시 중 가장 아름다운 곳은 어디일까, 옆에 있는 남자는 어디서 어떻게 만난 걸까, 4년간이나 여행을 하면 현실에 적응할 수 있을까, 그렇게 긴 기간을 나와 있으면 가족들이 뭐라고 하진 않을까, 밥은 먹고 다니는 걸까. 너무나 많은 것이 궁금했지만 이미 이런 질문은 수백 번 혹은 수천 번 들었을 걸 알기에 질문은 잠시 접어두기로 했다.

선교사님에게 받았던 비타민과 라면은 여정이 한 달도 안 남은 나보다 그에게 주는 것이 나을 것 같아 단 하나만 남긴 채 그에게 건넸다. 그는 보답을 해야겠다며, 방으로 내려가 내가 들어가도 될 법한 커다란 배낭에서 깡통에 든 커피가루와 숟가락, 철제 사발을 꺼내더니 커피가루 조금과 물을 가득 부은 후 숟가락으로 휘휘 내저었다.

보리차 같은 빛을 띤 맑은 커피가 사발 가득 담겼다. 여행자식 커피라며 씩 웃으며 사발을 건네는 그의 순수한 미소를 보니 그의 나이는 아마 여행을 마음먹기 시작한 스물셋 어디쯤에 머물러 있을 거라는 생각이 들었다.

커피를 사약 마시듯 들이키고는 밤새 그가 찍은 사진을 보며 이야기를 나눴다. 지겹지 않을까 걱정했던 것과 달리, 여행지 하나하나를 설명할 때마다 반짝이던 그 눈빛에, 그가 4년간이나 여행을 한 이유를 듣지 않아도 알 듯했다.

이야기를 나누다 보니 어느새 해가 뜨고 있었다. 새벽 5시. 케냐로 향하는 버스를 타야 했다. 못다 한 이야기는 언제가 될지 모르겠지만 그의 여행이 끝나는 순간 한국에서 하기로 하고, 나는 다시 길을 나섰다.

달콤 쌉싸름한 만남

케냐

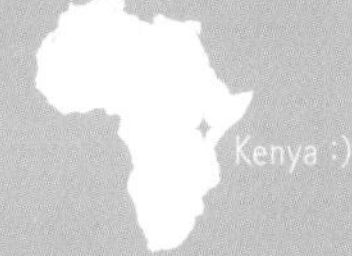

◆ ◆ ◆　모시에서의 긴긴 휴식으로 킬리만자로의 여운은 가라앉았고, 슬금 슬금 케냐로 떠날 준비를 하고 있었다. 사실 케냐에서 사파리를 할 것도 아니었고 주변에선 지금의 케냐는 상황이 좋지 않다며 말렸다. 또한 케냐에서 에티오피아로 가는 길도 막혔다고 했다.

모두들 비행기를 타고 바로 에티오피아에 가는 것이 나을 거라고 말했으나 육로로 아프리카를 종단하고 싶다는 끊임없는 갈망이 결국 케냐를 선택하게 만들었다.

그것 말고도 케냐에 가고 싶은 이유가 하나 있긴 했다. 아프리카의 모든 여행자 숙소 중 가장 유명한 '뉴케냐 로지'에 있는, 그곳을 스쳐지나간 여행자들이 남긴 한글 방명록 때문이었다.

하지만 가는 길부터 만만치 않았다. 케냐까지 한방에 간다고 해서 비싸게 돈을 주고 탄 버스는 곤히 잠들어 있던 나를 깨워 중간에 내리라고 닦달을 하더니만 낡아서 곧 쓰러질 것 같은 버스로 갈아타라고 했다. 화가 났지만

이젠 화를 내는 것도 진절머리가 났다.

마푸투에서 만난 윤성 오빠가 항상 하던 말이 있다.

이곳은 아프리카이기에 이곳으로 여행오길 선택한 우리가 감내해야 한다는 것.

마음속으로 화가 나는 일이 있을 때마다 T.I.A를 세 번씩 외치며 아프리카 여행을 버텨왔다.

마음속으로 T.I.A를 300번쯤 외치니 어느새 번쩍번쩍 높이 솟은 빌딩들이 보이기 시작했다. 동아프리카 최고의 도심 지역, 케냐 나이로비에 입성한 것이다. 지나가는 차들이나 건물들, 사람들의 패션까지 결코 우리나라에 뒤처지지 않았다.

버스에서 내려 설레는 마음으로 물어물어 찾아간 뉴케냐 로지는 나이로비에서 제일 저렴한 숙소답게 지저분한 것이 썩 마음에 들었다. 지저분한 숙소는 왠지 모르게 자유로운 영혼의 여행자들로 가득 차 있을 것만 같다.

숙소에 짐을 풀자마자 방명록부터 펼쳤다.

안타깝게도 한국인이 남긴 기록은 몇 달 전 것이 마지막이다. 그러면 어떠한가. 어느 가게에 와이파이가 잘 되는지, 근처의 제일가는 맛집은 어딘지, 어떤 나라의 어떤 도시가 매력적인지, 숙소 주인의 성격이 어떤지 그림까지 곁들여 적힌 귀여운 한글을 보니 오랜만에 마음이 따스해진다.

볼펜을 들고 와 다시 방명록을 펴서 탄자니아의 정보들을 꾹꾹 눌러쓴다. 언제가 될지 모르지만 누군가 내가 남긴 이 흔적을 보고 그들의 여행에 조금이라도 도움이 되길 바라며.

그리고 몇 달 후 나는 케냐로 떠난 한국인 여행자로부터 내가 남긴 방명록을 잘 읽었다는 메시지를 받을 수 있었다. 내가 꾹꾹 눌러쓴 글자들은 아직도 뉴케냐 로지에서 나의 흔적을 담은 채로 있을 것이다.
적어도 앞으로 몇 년간은.

T.I.A~!

Korean Guidebook!

첫 동행자,
타카를 만나다

방명록을 뒤져보는 사이 시간은 훌쩍 가버렸고, 황급히 에티오피아 대사관으로 향했다. 대사관에서 에티오피아로 가는 비자를 발급해주지 않는다고는 했지만 블로그를 뒤적이니 두세 명의 여행자가 비자 받기에 성공한 기록이 있었다. 문을 닫기 전에 대사관에 가야 여행에 차질이 생기지 않을 것이라 생각하고 길을 나섰다.

그러나 대사관 앞에 붙어 있는 충격적인 종이 한 장.

Dear Esteemed Clients,
The Embassy of Federal Democratic Republic of Ethiopia will remain closed on April 10, 2015.

- Ethiopia Embassy

가는 날이 장날이라더니 오늘부터 쉰다고 한다. 숙소로 다시 돌아오자 한 동양인이 소파에 누워 있다. 그리고 여느 일본인처럼 나에게 말을 건다.

"니혼진 데스까?"

희한하게 내가 만났던 일본인 여행자들은 항상 영어로 "Where are you from?"이라고 물어보지 않고 다짜고짜 일본어로 일본인이냐고 묻는다. 이 질문에 익숙한 나는 "와따시와 간코쿠 데쓰네."라고 말한 후 소파에 앉아 숙소를 지키고 있던 직원에게 비자에 대해 물어봤다.

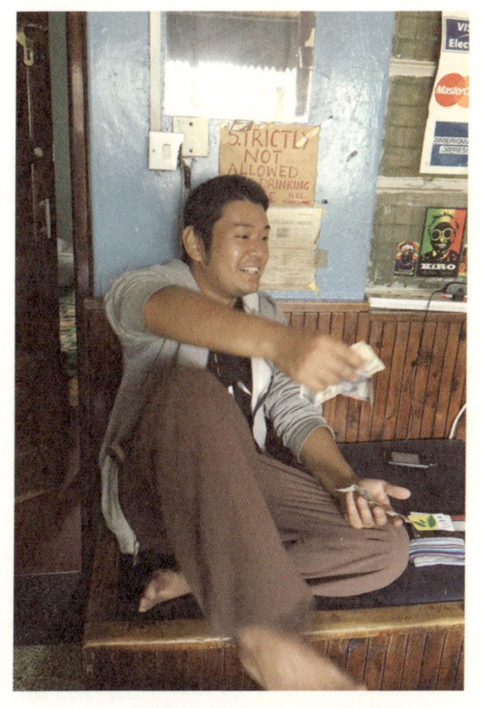

S.TRICTLY
NOT
ALLOWED
DRINKING
VIS
Elec
MasterC
AMERICAN
XPRES
KIRO

내 이야기를 듣던 직원은 대사관이 열든 말든 여기서 에티오피아 비자를 발급받는 건 무리라고, 근 몇 년간 발급받은 사람을 본 적이 없다고, 저기 있는 저 일본애도 실패했다고. 직원의 말에 소파에 누워 있던 일본인 여행자는 멋쩍게 웃었다.

일본인 여행자 타카. 여행한 지는 1년쯤, 미주 대륙 여행을 마친 후 배를 타고 남아공으로 들어와 위로 올라가는 아프리카 종단 여행 중이었다. 또한 자신은 비행기를 최소한으로 타고 가는 육로 여행자이기에 에티오피아를 육로로 올라갈 방법을 고민 중이라고 했다. 대사관에선 이미 세 차례나 거절당했다고. 에티오피아를 육로로 가고 싶어 한다는 같은 이유 하나만으로 급속도로 친해진 우리는 머리를 맞대고 에티오피아에 올라갈 방법을 쥐어짰다.
우리나라 대사관에 이메일 보내기, 대사관에 한 번만 더 가 보기, 포기하고 비행기 타고 가기. 그러다가 우리가 결정한 것은 케냐와 에티오피아의 국경도시 모얄레로 무작정 간 후, 국경에서 도착 비자 발급을 시도해보기였다. 아프리카의 국경도시 중에는 간혹 비자를 내어주는 곳도 있었기 때문이다.

그렇게 여행을 좋아하지 않는다는 타카(일본 전국 일주 후 일을 때려 치고 세계 일주를 나선 서른 살 여행자이지만)와 모얄레로 가는 버스표를 사기 위해 나이로비 외곽에 가기로 했다. 이번 여행에서 다른 여행지까지 함께 이동하는 내 첫 동행이었다.

악몽의
모얄레 스타

여러 가지로 악명 높은 나이로비지만 케냐에 오래 머물렀던 타카와 함께 였기에 걱정이 되지 않았다. 아침 일찍 일어나 블로그에 나온 정보대로 버스를 타고 장거리 버스 회사가 있는 외곽 지역으로 향했다.

아니나 다를까 우리에게 다섯 배가 넘는 버스비를 요구했지만 1년이나 사기 한 번 당하지 않고 여행했던 타카는 단호한 표정으로 그들을 무찔렀다. '나였으면 또 속았겠지' 하고 타카에게 감사를 표하며 버스에 올랐다. 차창 밖으로 틈틈이 과일을 파는 이들이 보였는데, 케냐의 과일은 정말 싸고 달기 때문에 나는 쉴 틈 없이 과일을 사 먹었다. 타카에게도 매번 과일을 권했지만 어린 시절 할머니가 과일은 귀한 거라며 바나나를 지독히 먹인 탓에 과일이라면 치가 떨린다고 하는 모습이 꼭 아이 같았다.

1시간쯤 달리자 타카가 졸던 나를 깨웠다. 동행이 있으니 버스에서 실컷 졸 수 있음에 감사하며 타카를 따라 내리자 이곳은 나이로비 도심과는 정반대의 느낌이었다. 이집트의 카이로 느낌이랄까. 먼지 날리고 지저분한 데다 무너져 가는 건물들과 날선 눈빛을 가진 사람들. 동양인을 깔보는 표정들. 익숙했다.

진흙밭을 헤치고 가니 블로그에서 봤던 간판이 보였다. '모얄레 스타'. 이름도 어찌나 촌스럽고, 서 있는 버스는 또 왜 저렇게 쓸데없이 화려한 건지. 하루에 한 차례 있다는 나이로비발 모얄레행 버스를 예매했다. 자그마치 하루가 걸리는 이 버스를 타기 위해 우리는 다음 날 새벽에 다시 이곳

으로 와야 했다.

다음 날, 새벽 3시. 졸린 눈을 끔뻑이며 도착한 우리는 사람들을 따라 하얀 포대기에 우리의 큰 배낭을 넣고 작은 배낭은 앞으로 멘 채 버스에 탑승했다. 케냐부터 에티오피아까지의 도로 사정은 전 세계에서 최악이라고 악명 높기 때문에 각오를 하고 잠이 들었다. 오른쪽 자리에는 아기 엄마, 왼쪽에는 타카가 있어서 마음 편히 잠들 수 있었다.

쿵쿵.

들썩이는 버스는 점점 그 강도가 강해졌고 흔들리던 버스는 점프에 점프를 반복하더니 결국 내 머리가 천장에 닿을 정도로 서투른 길을 달리고 있었다. 잠자긴 글렀다 하고 눈을 뜨니 천장에 머리를 부딪친 내가 웃긴지 타카가 실실 웃고 있었다. 한 번 잔뜩 노려본 채로 창밖을 바라보았다. 아프리카를 여행할 때 버스를 타면 지루할 틈이 없다. 여행자인 우리가 갈 수 있는 지역은 몇 군데 되지 않지만 버스는 우리가 가지 못하는 때 묻지 않은 아프리카의 곳곳을 스쳐 지나가기 때문이다. 창밖으로 다큐멘터리에서나 볼 법한 독특한 의상을 입은 부족들이 지나갔다. 타카는 에티오피아에 가면 수많은 부족들을 더 볼 수 있을 거라며 들뜬 모습이었다.

그래, 국경을 넘는 걸 성공하면 말이지!

버스는 한참을 달렸고, 다시 암흑 속으로 들어갔다가 미약한 빛이 보이기 시작했다.

버스에서의 24시간이 순식간에 지나가고, 드디어 모얄레에 도착한 것이다! 버스에서 내려 모얄레의 향기를 맡으며 짐을 받길 기다렸다. 사람들은 하나둘 짐을 받아 가고, 어느새 우리밖에 남지 않았는데 우리의 짐이 나오지 않았다.

다시 버스에 들어가 확인해보고 버스 안의 모든 짐칸을 뒤져봤지만 아무것도 나오지 않았다.

이럴 수가. 타카는 당황했고 나도 당황했고 버스 직원들 모두가 당황했다. 그들은 또 바로 가야 한다며 지금 귀찮게 하지 말고 내일 다시 회사로 찾아오라고 말하고는 떠나버렸다. 새벽 3시. 우리는 달랑 작은 배낭 하나만 가진 채 낯선 국경도시 모얄레에 떨어졌다.

마른하늘에 날벼락이었다.
타카는 하늘을 향해서

"So unlucky!"

우리는 함께 버스를 타고 온 모얄레 주민이 알려준 가장 저렴한 숙소를 향해 걷기 시작했다.

여행,
바보

나는 여행을 그다지 좋아하는 편도 아니고 여행이 주는 달콤한 환상들을 믿는 편도 아니다. 여행을 만병통치약이라고 하기에는 너무나 고단하고, 외로웠으며 삶보다 조금 더 치열하면서 이리저리 데이기도 하는 '체험 삶의 현장' 실사판이었으니까.

여행이 끝나고 돌아온 집. 지난 여행처럼 방 한쪽에 웅크리고 있었다. 긴장이 풀림과 동시에 찾아오는 몸살 기운과 어쩐지 아무것도 못할 것 같은 여행 후의 기분. 여기저기서 메시지가 오지만 답장도 못하겠는 이상한 마음 상태. 그렇게 멍하니 있다가 오늘까지 이탈리아 여행 원고를 마무리해야 한다는 사실을 깨닫고 겨우 노트북을 켰는데, 역시 여행 사진 폴더를 그냥 지나칠 수가 없었다.

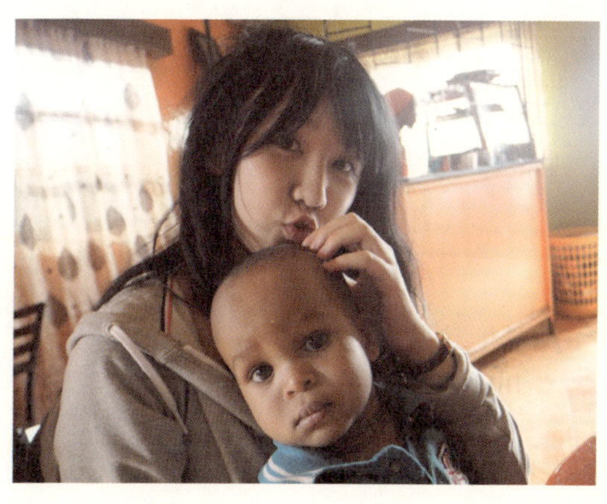

생각해보면 힘든 기억밖에 안 나는데 이상하게도 활짝 미소를 지은 사진들이 많았다. 세상에서 제일 행복한 사람인 것 같은 미소. 기분이 정말로 이상하다. 문득 누군가 했던 말이 생각났다. 여행 중에 나는 좀 더 많이 웃는 것 같다고. 진짜 시내 같다고. 사실 평소에도 잘 웃는 편이긴 하지만 대부분이 사람을 대할 때의 형식적인 웃음이기도 하고, 사진기를 들이대서 웃을 때는 누가 봐도 가짜 웃음인 게 티가 날 정도로 어설프게 웃는다. 삐뚤빼뚤한 치열과 더 부각되는 볼살 때문에 웃는 것을 좋아하지 않는 이유도 있다. 그런데 여행 중에 찍은 사진들을 보니 미묘하게 다른 웃음을 가진 내가 있었다. 뭐랄까, 진짜 웃음이라고 해야 하나? 사진 속의 나는 진짜 행복해보였다.

그리고 문득 케냐 국경에서 일어난 일이 떠올랐다. 1년째 여행 중인 여행자 타카와 나는 버스 회사의 실수로 큰 배낭을 통째로 잃어버리게 되었다. 입을 옷도, 머리를 감을 샴푸도, 그림을 그릴 스케치북도, 일기장도 모든 게 사라진 난감한 상황이었다. 나의 여정은 짧았지만 타카는 앞으로 반년의 여정이 더 남아 있기에 조금 심각했다. 다행히 둘 다 돈이나 여타 중요한 것들은 작은 배낭에 넣어 항상 몸에 소지하고 다녔기에 엄청난 위기는 아니었지만, 충분히 분노하고 화낼 만한 상황이었다. 그렇지만 우리는 웃었다. 세상만사 그렇게 웃어본 적이 있을까 싶을 정도로.

우선 씻지 못한 서로의 꼴이 우스웠고, 서로의 작은 배낭에 있는 짐을 확인하다가 웃었다. 나의 작은(중요한 것을 담아두는) 배낭에서는 지갑, 노트북, 휴대폰, 화장품에 뒤이어 볶음고추장이 나왔고, 타카는 볶음고추장이 그렇게 중요한 거냐며 비웃었지만 그의 배낭에서는 고춧가루와 케첩이 나왔다. "케첩 이즈 모어 임포턴트 댄 카메라!" 그렇게 서로를 놀렸다.

우리는 케첩과 고추장이 보일 때마다 웃었고, 한 벌뿐인 옷은 날이 갈수록 때가 묻었지만 그마저도 미친 듯이 즐거웠다. 살아가는 데 별다른 짐이 필요하지 않다는 것을 며칠 새에 깨달았기 때문이었을까, 이 위기가 삶에서 오는 위기에 비하면 별 게 아니라는 걸 알기 때문일까, 아니면 여행이 주는 마법인 걸까. 어쩌면 배낭을 찾을 수 있다는 막연한 희망 때문이었을지도. 물론 후자는 절대 아닐 것이다.

타카는 말했다.

"그건 우리가 바보이기 때문이야!"

어차피 일이 벌어진 상태에서는 좀 더 바보가 되면 편하다고. 바보가 한 명이면 그냥 슬픈 거지만 지금은 바보가 두 명이라서 이 심각한 상황에서도 즐거운 거라고. 우리는 복잡하지 않은 사람이니까, 여행자니까. 그리고 여행 중엔 가끔은 바보여도 괜찮다는 말을 덧붙이며 좀 더 날 것의 감정을 즐겨도 된다고.

여행에서 돌아온 나는 미소가 가득한 사진들을 보며 바보 같다는 생각을 했다. 그리고 어느새 현실로 돌아오자 더 이상 바보로 살아선 안 된다는 두려움이 가슴에 퍼져 갔다. 나에게 바보로 살아갈 용기는 없다는 것이 느껴지자 어쩐지 서글펐다. 내가 나이가 들어가는 건지, 아니면 바보는 여행지가 만들어주는 마법에서만 존재하는 건지. 진짜 어렵다.

모얄레 스타
그리고 모얄레의 스타

타카와 나. 우리가 탄 버스는 모얄레 스타.

버스표를 구입할 때부터 모얄레 스타 직원들은 우리에게 호언장담했었다. 모얄레 스타는 엄청나게 큰 회사라고, 도시마다 지점도 있으니 아마 케냐에서 가장 안전한 버스 회사일 거라고. 그 말을 철석같이 믿었던 우리는 배낭을 잃어버렸고, 모얄레에 있는 다 무너져 가는 모얄레 스타 사무실 사람들은 귀찮은 내색을 하며 각 사무소마다 전화를 할 테니 내일 오라는 말만 반복했다. 예정대로라면 우리는 내일 바로 국경을 넘어가야 했지만 꼭 찾아준다는 그들의 말에 이곳에서 며칠을 더 머물기로 했다.

우선 잠부터 자고 일어나 해결하기로 하고, 새벽 4시가 넘어서야 잠들었지만 이상하리만큼 눈이 일찍 떠졌다. 인터넷 선도 하나 없는 이 시골 마을에서 이른 아침부터 우리를 반기는 것은 고소한 빵의 내음과 동네 이곳저곳을 돌아다니는 당나귀, 수레바퀴를 끌고 지나가는 사람들 그리고 걸음걸음마다 흩날리는 흙가루들.

황토빛의 이 작은 마을이, 비록 배낭을 잃어버렸음에도 불구하고 꽤 마음에 들었다. 갓 구운 빵을 먹으면서 어쩌면 배낭을 잃어버려 이곳에 머물게 된 건 행운이 아닌가 하는 생각도 들었다. 그런 나의 마음과 다르게 내 몰골은 심각했다. 빵 구운 냄새는 내 몸에서 나는 찌든 먼지와 땀 냄새에 덮여 서서히 바래갔고, 떡이 진 머리는 금방이라도 기름이 뚝뚝 흐를 것 같았다. 며칠간 갈아입지 못한 옷은 언제 먼지가 쌓였는지 이 작은 도시가 품은 색으로 변해 있었다.

몸을 씻고 싶었지만 내게는 갈아입을 옷도, 세안 도구도 심지어 속옷조차 없었다. 일단 숙소 앞에 있던 옷가게에 가서 난생 처음 보는 형광빛의 속옷과 동네 꼬마들이 입고 있는 축구 유니폼, 이상한 스팽글이 잔뜩 달려 있는 쫄바지와 100원짜리 커다란 비누를 사왔다. 그런데 동네의 상태는 생각보다 심각했다. 씻기 위해 우물의 물을 펐는데 바가지 안에 정체불명의 검은 가루와 죽은 벌레들이 동동 떠다녔다. 타카는 물의 상태를 보더니 결국 씻는 걸 포기했다. 그는 모얄레에 머무는 사흘 동안 단 한 번도 씻지 않았는데, 온몸에 두드러기가 난 내 몸을 보고 나서야 그의 선택이 옳았음을 알 수 있었다.

우리는 다시 한 번 모얄레 스타의 사무실로 갔으나 글쎄, 이곳도 역시나 아프리카였다. 하루 사이에 담당자가 바뀌어 있는 것이 아닌가. 버스 터미널 주변의 동네 사람들이 다 몰려들었고 우리의 사정을 들었다. 모얄레 스타는 가방을 포기하고 경찰서에 가서 경위서를 떼려는 우리를 붙잡으며 다시 담당자가 올 때까지 기다리라고 했고, 우리는 어쩔 수 없이 동네를 둘러보기로 했다.

그런데 그 사이에 소문이 어지간히 난 듯했다. 이방인이 없는 도시라 그런지 우리가 지나갈 때마다 사람들은 가방을 아직 못 찾았냐며 말을 건넸다. 궁금한 건지 놀리는 건지 모르겠지만 그렇다고 해서 활짝 웃으며 말을 거는 그들이 싫지는 않았다.

하지만 이 악몽은 그날 저녁도, 다음 날도, 그 다음다음 날 아침까지 계속되었다. 모얄레 스타는 모르겠다는 말만 하고, 동네 사람들은 우리를 마주할 때마다 가방의 안위를 물었다. 결국 배낭은 포기하기로 하고 경찰서를

갔다가 에티오피아에 가기로 했다. 그렇게 다음 날 찾아간 경찰서에서는 우리의 소문은 익히 들었다고, 걱정하는 건지 기뻐하는 건지 모를 미소를 지으며 사고 경위서를 작성해줬다.

잘 곳이 없으면 자기네 집에서 자라는 경찰 아저씨의 말에 타카는 "나는 이제 케냐가 지긋지긋해!"라고 외치며 뒤돌아섰지만 말이다. 이럴 줄 알았으면 진작 포기할 걸. 이제 다시는 아프리카 사람들의 말을 믿지 말자며 우리는 모얄레를 떠날 준비를 했다.
아니, 준비랄 것도 없었다. 우리가 가진 짐은 고작 책가방 크기의 배낭 하나였기 때문이다.

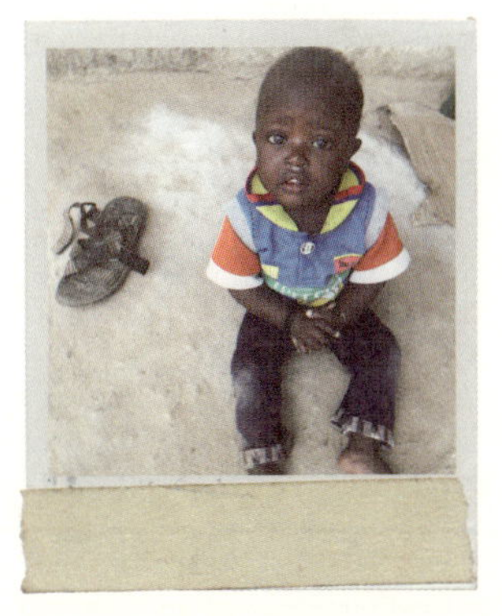

국경으로 향하다

새벽 6시, 절로 눈이 떠졌다. 고소한 빵 냄새가 콧속으로 파고들었다. 우리를 걱정해주던 숙소의 주인아저씨는 에티오피아로 갈 것이라는 우리의 말에, 그리고 아직까지 배낭을 찾지 못했단 말에 갓 구운 빵과 차이를 내왔다. 따뜻하고 달달해서 마시기만 해도 기분이 좋아질 것 같았다. 빵을 차이에 넣어 더 따뜻하게 데우고 입안에 넣으니 기분이 한결 나아졌다. 이대로 국경만 통과한다면 더할 나위 없을 텐데.

국경까지는 고작 10분. 유치하게 국경 팻말 앞에서 사진을 찍으니 그간 했던 마음고생이 차이에 녹아드는 빵처럼, 그렇게 사라지는 듯했다.

국경을 걸어서 넘긴 처음이었다. 키는 나랑 비슷하고 영어는 나보다도 못하는 타카였지만 함께이기에 든든했다. 조금 걸으니 케냐 국경이 나왔다. 케냐 국경에서는 이곳에서 너희를 보내줄 순 있지만 에티오피아 국경에서 허락해 줄진 모르겠다며, 일단 다녀오라고 우릴 보냈다.

무언가 허술한 것이 이곳이 아프리카임을 새삼 실감하며 3분 정도 걸으니 흙이 날리는 길 위로 에티오피아 국경이 보였다. 다 낡은 건물에는 우리 말고도 두 명의 여행자가 있었다. 호주에서 온 오토바이 여행자들인데 비행기를 타지 않고 육로 여행을 한 지 2년쯤 됐다고 했다. 그들도 나이로비에서 비자를 못 받아 우리와 같은 생각을 가지고 무작정 온 것이었다. 그리고 그들의 말에 의하면 정작 이곳에 있어야 할 대빵은 집안일이 있어서 사라진 상태고, 나머지 직원들은 권한이 없으니 여기서 무작정 기다려야

KENYA REVENUE
AUTHORITY
MOYALE BORDER CONTROL STATION

한다고 했다.

두 명의 직원 중 한 명은 철문 앞에서 철문을 지키기는커녕 텔레비전을 보다가 잠이 들었고, 직위가 조금 높아 보이는 다른 한 명은 나에게 다가와 자신의 가족들과 친척들의 사진을 보여주더니, 또 자신의 휴대폰이 삼성이라며 자랑하더니, 또 나와 함께 셀카를 열심히 찍는다.

몇 시간이 지나도 대빵은 오지 않았다. 우리는 다른 여행자들과 대화를 하기도, 놓여 있는 벤치에 누워 잠을 청하기도, 에티오피아에 가면 어디를 들를지 이야기를 하기도 했지만 대빵은 올 기미가 보이지 않았다.

타카는 다음 생애에 태어나면 이 직업을 가지고 싶다고, 그들은 아무것도 하지 않는다며 부러워하다가 또 나에게만 말을 거는 직원을 비아냥거리기까지 했다.
그때 철문 밖으로 소란스러운 소리가 들렸다. 밖에 서 있던 군인들은 자세를 바꾸었고, 이런 장면을 처음 보는 우리는 건물 안으로 숨으려 했다. 그러자 직원들은 우리를 보더니 괜찮다고, 부족끼리 싸우는 거라고, 이런 일은 일주일에 세 번은 있으니 안심하라며 다독였다.

인크레더블 아프리카!

워낙 도시 같았던 나이로비 때문에 이곳이 아프리카인 것을 잠시 망각하고 있었다. 겁나서 숨는 우리를 보고 우스워하는 직원들을 보니 괜스레 더 무서워졌다. 그래도 참을 수 없는 호기심에 철장 밖을 쳐다보니 내가 생각했던 부족 싸움, 그러니까 나무에 엮어 맨 돌이나 제대로 옷을 갖춰 입지 못한 원시부족을 생각했는데, 나이키 티셔츠에 아디다스 트레이닝 바지를 입은 남자들이 과일을 던지며 싸우고 있었다. 군인들이 하늘에 총을 쏘며 무어라 외치자 그들은 금세 사라졌다.

그러한 소식을 들은 건지 대빵도 이내 도착했다. 그러나 절대 우리에게 비자를 줄 수 없다는 게 그의 말이었다. 어찌됐든 이곳을 빨리 벗어나고 싶었던 우리는 재빨리 포기하고 돌아 나왔다. 다시 나이로비로 돌아가 비행기를 타야겠지만, 긴 시간을 들이고 배낭까지 잃어버리며 실패하고 말았지만 시도는 했으니 후회는 없겠다고 웃으면서. 우리의 시도는 값진 것이었으니 그걸로 됐다고. 타카는 그를 보는 나에게 바보 같은 미소를 지어 보였다.

바보 둘,
나이로비로 돌아오다

다행히 모얄레 스타에서 버스값을 물어주고, 나이로비로 돌아갈 버스표도 제해 줬기 때문에 가벼운 마음으로 나이로비행 버스를 탈 수 있었다. 게다가 가져갈 짐도 없던 우리이기에 마음도 훨씬 가벼웠다. 창문에 머리를 쿵쿵 박으며 하루가 넘게 달리고 또 달리니 시끌벅적한 것이, 드디어 케냐에 왔구나.

버스에서 내리자 익숙한 매연과 정신없는 사람들 그리고 짓궂게 놀려대는 사람들이 우리를 반겼다. 우선 혹시나 하는 마음으로 모얄레 스타 사무실의 짐칸을 다시 한 번 뒤졌으나 역시나 소득은 없었다. 마침 일하는 직원이 우리가 출발했을 때의 그 직원과 같았다.

끝까지 확인을 안 한 우리 잘못이라는 그의 말에 또다시 왈칵 눈물이 났다. 그냥 미안하다 한마디면 될 것 같은데. 직원은 자기는 모르는 일이라며 사장이 올 때까지 기다리라고 했지만 이제 속는 것도 지겨웠다. 기다리고 나면 모른 척해 버리는 그들과 지쳐서 돌아갈 우리의 모습이 눈앞에 그려졌다. 그냥 포기하고 다시 뉴케냐 로지로 돌아가 비행기 표를 사자고 타카에게 말했지만 타카는 그래도 마지막으로 딱 한 번만 믿어보자며 나를 설득했다.

"어차피 우린 잃을 것도 없잖아?"

뜬눈으로 밤을 지새우고 아침이 밝아오자 사장으로 보이는 젊은 케냐 사

MOYALE
STAR BUS
NYALE STAR BUS
NAIROBI
ISIOL
MAR
SOLO
MOYAL
STAR
ARWEK
PEACE

람이 나타났다. 자신은 아무 죄가 없다는 직원의 말, 구구절절 상황을 설명하는 우리의 말, 몇 번의 말들이 오갔다. 사장은 곰곰이 생각하더니 의외의 말을 내뱉었다.

"이야기를 다 들어본 결과, 이건 모얄레 스타의 잘못이 확실해. 마음고생과 시간까지 잃은 너희를 보니 내가 할 말이 없어. 어떻게든 최대한 보상을 해줄게."

그리고 황급히 은행에 다녀온 그가 건네어 준 300달러 봉투 두 장. 물론 우리의 배낭과 안에 든 짐들에 비해선 터무니없이 적은 돈이지만 케냐에서는 아마 여기서 일하는 직원의 한 달 봉급 정도임을 알았기에 의아한 표정으로 그를 바라보았다.

"그래, 알아. 이 돈이 너네에게 얼마의 가치일지는 모르지만 적어도 우리에게는 엄청나게 큰돈이야. 근데 그것도 알아. 만약 우리가 너희를 그냥 숙소로 돌려보낸다면 너희가 케냐에 대해서 어떤 생각을 가지고 에티오피아로 떠날지, 너희에게 남겨질 아프리카가 어떻게 채워질지, 나는 그게 더 무서워. 모얄레 스타 그리고 나이로비에 대해서 얼마나 나쁜 감정을 가지고 있을지 말이야. 이 정도면 케냐에서 멋진 배낭을 다시 사고, 너희가 입을 옷도 새로 살 수 있을 거야."

"다시 한 번 미안해.
너네 기억 속의 케냐가 부디 나쁜 아이로 남아 있지 않기를 바라."

버스 회사 건물에서 나와 그 앞에 사탕수수를 팔던 청년에게로 다가갔다.

500원을 주니 녹이 잔뜩 슨 커다란 칼로 기다란 사탕수수를 쳐낸다. 처음 먹어보는 사탕수수였지만 어쩐지 나는 먹는 방법을 알았다. 오래전, 다큐멘터리를 본 적이 있던 걸까.

우적우적 사탕수수를 씹어 먹자 거리의 사람들이 신기한 눈빛으로 바라보았다.

사탕수수에서 흘러나온 단 즙이 입안을 가득 메웠다.

많은 일이 일어났던, 온갖 고생을 다했던 케냐였지만 어쩐지 케냐를 떠올리면 진심으로 미안해하던 그의 눈빛과 그리고 사탕수수의 달달함만이 내 머릿속을 채우고 있다.

짙은 그리움의 향기

에티오피아

◆◆◆ 비행기를 타러 게이트로 가는 바보 둘, 타카와 나는 배낭이 가벼워 마냥 즐거웠다.

"타카, 우리 귀찮게 짐을 부칠 필요가 없어졌어!"

나의 말에 타카 역시 진지한 눈빛으로 동의를 표하며 오랜만에 공항의 신식 문물들을 느끼고 있었다. 그때 지나가는 한 남자. 배낭을 보니 백패커다. 근데 백패커치고(?) 너무 잘생겼다. 뭐랄까, 지금 우리의 모습과 다르게 지저분한 티가 안 난다. 타카도 나와 같은 생각을 했는지 저 남자 멋있지 않으냐고 묻는다. 그러고는 늘어난 티셔츠의 목을 쳐다본다. 괜히 아니라고 너스레를 떨고는 비행기에 몸을 실었다.

간만에 비행기를 타 들뜬 우리는 시끌벅적 그 자체였다. 타카는 남미에서 아프리카까지의 그 먼 길도 배를 타고 건너왔기 때문에 비행기를 타본 지 1년이 훌쩍 넘었다고 했다. 짧은 비행 끝에 우리는 드디어 에티오피아에 도착했다. 나의 마지막 정착지 에티오피아!

이 고생의 마지막이라니. 공항 밖으로 나가지 않고 이곳에서 바로 집으로 돌아가는 티켓을 끊고 싶었다. 에티오피아 입국장에서 여권을 내밀자 갑자기 공항 직원이 벌떡 일어서더니 태권도를 보여 달라고 한다.

늘 이런 식이다. 아프리카 사람들은 한국인이면 모두 태권도를 잘하는 줄 안다. 직원을 실망시킬 수는 없기에 나는 양손 모두 주먹 쥐고는

"얍, 얍!"

어디서 본 듯한 구호를 외치며 손을 뻗었다. 그러자 순진하게도 직원은 박수를 치며 "와! 역시 태권도의 나라에서 온 소녀야. 엄청 나!"라고 큰소리로 호들갑을 떤다. 모든 직원들이 다 쳐다봐서 괜히 부끄러워졌다. 옆에 있는 타카도 나를 쳐다보며 바보 같은 웃음을 보낸다. 타카의 여권을 보는 직원은 꽤 깐깐한지 먼저 나와 에티오피아 공항을 둘러봤다. 그런데 아까 본 그 잘생긴 백패커가 보였다. 저 친구도 에티오피아에 왔나 보네.

수속을 마치고 나온 타카와 호들갑을 떨며 숙소를 정했다. 계속해서 고민하던 곳 중 가장 낡고, 가장 전통 있고, 가장 저렴하기까지 한 곳으로 결정한 후 미니버스를 탔다. 나는 "타카, 숙소에 아직 도착도 안 했는데 배낭이 너무 가벼워!"라고 외쳤다.

누군가 우리를 돌아본다. 앞좌석에 그 백패커가 있다.
설마, 우리랑 같은 숙소에 가려나?

버스가 숙소 근처의 큰 대로변에 서자 그가 먼저 내린다. 따라 내린 우리를 보고는 그가 먼저 말을 걸어왔다.

"에? 너네도 설마 나와 같은 숙소로 가는 거야? 케냐 공항에서부터 봤어. 짐이 너무 적어서 여행자인지 몰랐어!"

우리는 우리가 조그마한 배낭을 가지고 이곳에 올 수밖에 없었던 이유를, 그리고 구스타보란 잘생긴 청년은 멕시코에서 아프리카까지 떠나온 이유를 설명하며 낡은 호텔로 들어섰다. 셋이 한 방에서 자면 반값으로 할인해 준다는 직원의 말에 우리 셋은 5초도 고민하지 않고 그러겠다고 했다.

셋이서 함께 다니면 얼마나 즐거울까. 20대 후반, 20대 중반, 20대 초반. 나이는 제각각이지만 행복하게 살 거라는 마음 하나만은 똑같은 우리가 함께한다면 내 여행의 마지막은 더할 나위 없이 즐거울 거야. 상상의 나래를 펼치다 날짜를 확인했다. 그동안 잊고 있던 귀국 일정이 떠올랐다. 5월 초까지는 무조건 돌아가야 했다.

남부로 내려가 트럭을 히치하이킹하며 아프리카 부족들을 만날 거란 그들의 말이 내 마음을 더욱 힘들게 만들었다. 함께하면 정말 즐거울 텐데, 느긋한 그들의 여행을 함께한다면 귀국 시기를 놓칠 것이 분명했다.

돌아가야 할 날이 있는 여행은
돈이 없는 여행보다 훨씬 힘든 거구나.

다음 날 새벽, 잠이 들어 있는 타카와 구스타보를 두고 이부자리를 정리했

Taka
+
Gustavo
+
Sinae~!

다. 소리가 조금 컸는지 저녁부터 피곤한 기색이 가득했던 구스타보가 잠
에서 깨어났다. 나는 그들과는 달리 동쪽 끝의 하라르로 떠날 것이다.

"시내, 가는 거야? 함께하면 정말 즐거울 것 같아 아쉽지만. 분명 밝고 맑
은 네가 있는 여행지라면 그곳이 어디든, 누구와 함께든 즐거울 거야. 네
조그마한 나라에 가게 된다면 그때 네가 가지 못한 에티오피아에 대해서
이야기 해줄게."

싱긋 웃는 미소를 보고, 잠든 타카의 간만에 보는 편안한 표정을 보며 인
사했다.

안녕, 친구들.
언젠가 길 위에서 우린 또 만날 수 있을 거야.
앞으로 나아갈 너희의 여행길이 반짝반짝 빛나기를.

"거긴 조금도 특별하지 않잖아! 조금 기다렸다가 나랑 부족들을 보러 남쪽
으로 내려가자."

끝나가는 내 여행을 하라르에서 보낸다고 하자 타카와 구스타보는 의아한
물음을 보내왔다. 촌스럽게 시인을 쫓아 떠난다는 게, 또 랭보의 랭이 'R'
인지 'L'인지도 모르면서 그의 이름을 내뱉는 게 겸연쩍기도 해서, 마음속
으로만 그들의 말에 응답하고는 침대에 누웠다.

묘한 설렘에 잠들 수가 없다. 그곳에 딱히 별 게 없는 걸, 그곳에 가도 랭보
의 냄새조차 쫓을 수 없단 걸 알면서도 알람이 울리기 10분 전, 캄캄한 새
벽 4시에 눈이 번쩍 떠져서 천천히 이부자리를 정리했다.
어느새 너무나 정이 들어버린 구스타보와 타카에게 마음속으로 인사를 하
고는 조용히 방문을 닫고 나섰다.

뜨거운 한낮의 열기와는 다르게 같은 곳인가 싶을 정도로 세찬 새벽녘의 바람을 맞으며 하라르로 가는 버스에 올랐다.

버스에는 흥겨운 음악이 흘러나왔고, 아이들은 빽빽 울어댔지만 이유 없이 나만 고독하다.

하라르에 가면

그가 살았던 어느 낡은 집의 3층에 가서 그가 쉼 없이 바라봤을 창밖 거리를 내다보고, 그가 함께 살았던 아프리카 여인의, 자녀의, 옆집사람의, 조카일지도 모를 누군가와 이야기를 나눌 거야. 어쩌면 지금은 사라졌을 그가 자주 가던 커피집이나 그 근처에서라도 매일 커피를 마셔야지. 그리고 그곳의 원두를 한아름 사 와 집으로 돌아가서도 계속해서 마실 거야. 커피 맛을 잘 모르는 내가 마셔도 분명 엄청나게 다른 맛일 거야.

눈을 감고 딱 100년하고도 30년 전으로 돌아가야지. 자신의 모든 것이던 시를 버린 채(시가 그를 버린 건지도 모르겠지만) 떠돌던 그의 부단한 움직임을, 마지막으로 자신 속 퀴퀴함을 울부짖었던 그의 아프리카를 보러 가야지. 여행을 좋아하지 않음에도 계속 떠나게 되는 내 방랑의 이유를 어쩌면 알 수도 있지 않을까 싶어서.

타카, 구스타보.
사실 그래서 나는 하라르로 간다.
가슴속에 묻어둔 첫사랑을 만나러 가는 기분이다.
평소에는 짧게 느껴지던 10시간이 오늘은 참 길다.

그러나, 참으로 나는 너무나 많은 눈물을 흘렸다.
새벽은 가슴 터질 듯하다.
모든 달은 흉악하고 모든 태양은 쓰기만 하다.

나는 내가 지옥에 있음을 믿는다, 그러므로 나는 존재한다.

_ 랭보

그의 시는 다가올 하라르에서의 나의 마음을 먼저 알아채고는,
그렇게 읊어주는 듯했다.

Love the life you live, Live the life you love

너에 대한 나의 배신일까 아니면 나에 대한 너의 배신일까.
또 그것도 아니면 우리의 오해인 걸까.

덜컹거리는 버스를 타고 도착한 낯선 도시 하라르에서 내리자 문득 1년 전의 내가 떠올랐다. 정신없는 좁은 길, 쳐다보는 사람들, 낯익은 무슬림 복장. 모로코 페즈를 정처 없이 떠돌던 그때. 이곳에서도 그곳만큼 따뜻한 추억을 안고 갈 수 있을까. 버스 기사 아저씨와 동네 사람들을 붙잡고 숙소를 물어봤다. 짐이 적으니 숙소 발품 팔기가 한층 수월해진 느낌이라 괜히 기분이 좋아졌다. 아니면 이곳이 페즈를 닮은 탓일 수도 있다. 북적한 시장통을 헤쳐 나가자 살결에 닿는 태양의 온도와 귓가에 들리는 소음이 진득한 감각으로 다가왔다. 낯선 도시의 처음은 항상 그렇다.

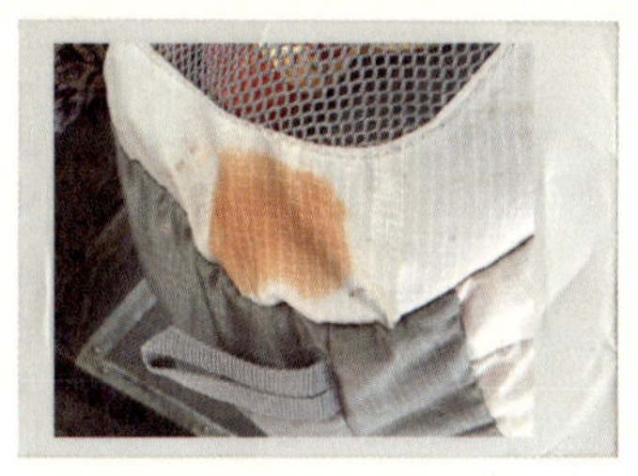

물어물어 꽤 저렴한 숙소를 발견했다. 하룻밤에 7천 원 정도.
숙소에 짐을 풀고 버스에서 터진 고추장이 잔뜩 묻은 배낭을 빨고 있는데
누군가 와서 말을 건다. 마른 체구에 건들거리는 몸짓. 어? 익숙한 모자다.

스와질란드에서인가, 게스트하우스 벽 전체에 그려져 있던 얼굴. 그가 쓴
모자에도 같은 얼굴이 있었다. 나는 외쳤다.

"밥 말리다!"

그는 밥 말리를 아느냐고 물었고 나는 게스트하우스 벽면에 적혀져 있었
던 그의 명언을 읊었다.

"당신이 사는 삶을 사랑하라.
당신이 사랑하는 삶을 살아라."

노래는 한 번도 들어본 적 없지만 생각이 멋진 사람이라고 생각했었다.
가만 보니 그가 입은 티셔츠 역시 밥 말리다. 그는 휴대폰은 없지만 밥 말

리의 노래를 들을 수 있는 테이프는 있었다. 정보가 별로 없는 도시였기에 무얼 할까 고민하던 참에 그를 만나게 되어 들떴다. 나는 하던 빨래를 내팽개치고 그와 함께 동네 구경을 나섰다. 그는 동네에 친구가 많은지 걷다 멈춰 인사하고, 또 걷다 멈춰 인사를 했다. 말이 많은 편은 아니었지만 덕분에 내가 떠들 수 있어서 좋았다.

해가 져가고 그와의 다음 날을, 다다음 날을 기약했다.
나는 매일 그와 함께 하라르를 걸었다.
그의 일상을 함께 느꼈다.

이른 아침 시장으로 나가면 멀찍이 먼저 차이를 마시고 있는 그가 보인다. 조심스레 그의 옆으로 다가가 앉아 차이 한 모금을 들이키고, 시장 아주머니가 소쿠리에다 파는 100원짜리 빵을 사서 그와 나누어 먹는다.

그리곤 거리를 걷는다.
때로는 시장을, 때로는 도심을, 복잡한 메디나 골목골목을 걷는다. 밥 말리의 음악을 함께 듣는다. 그는 내가 다른 사람과 이야기를 나누는 건 어쩐지 좋아하지 않는다. 같이 하늘을 본다. 파란 하늘도, 저가는 해를 한가득 담은 연주황빛 하늘도, 어둑해지는 저녁의 청록빛 하늘도.

모든 걸 함께하며, 우리는 모든 걸 이야기한다. 어쩌면 내 10년 지기 친구보다 더 많이 내 속을 내어보인다.

참 그렇다.
여행지에서 만난 사람들에겐 여행이란 공통점 말고는 없기에, 그들을 언

제 다시 만날 수 있을지 모르기에 오히려 내 가슴 아래에 가득 깔려 있는 짙은 어둠을 털어 놓을 수가 있었다.

그는 나와 살아온 환경이 비슷했다.
태어나자마자 얼굴도 보지 않은 채 자식을 버리고 떠난 아버지.
늙고 병든 어머니.
그리고 어머니를 보살펴야 하는 우리 존재.
팍팍하고 고달픈 인생이지만 그래도 하고 싶은 걸 하며 살 거라고 아등바등 살아가는 우리.

그가 먼저 이야기를 꺼냈지만, 내 속을 훔쳐보기라도 한 건가 싶을 정도로 비슷한 삶을 살아온 우리.

누군가와 하루 종일 비참한 이야기만 한다는 것은 때로는 우울보다 깊은 공감으로 마음이 치료될 때가 있다. 그의 집에 갔다가 누워 있는 그의 엄마를 보며 암 투병으로 지쳐 있던 우리 엄마를 떠올리고, 온종일 커피를 볶고 있는 그의 여동생을 보고는 늦은 밤까지 커피를 내리며 일하던 내 모습이 겹쳐졌다.

우리의 나이는 고작 스물셋.
나 자신을 챙기는 법도 모르는 나이. 하지만 우리의 어깨에 얹어진 사람들, 나를 위한 게 아닌 어느새 살기 위함으로 변해져 버린 그런 삶. 그렇게 살아가지만 웃어보여야 하는 데서 느끼는 괴리감과 비참함. 항상 밝게 보이려 가면을 쓴다는 것도 같았다. 그래서 그와 나는 웃지 않았다. 함께 울고, 끝없이 우울해하며 세상에 대한 원망을 퍼부었다.

그래도 나의 미래는 점점 밝아져 가고 있었지만, 그러지 못하고 있던 그에
게 점점 나아질 거란 말을 할 수가 없었다.

우리는 우리의 삶을 사랑할 수 있을까.
우리가 사랑하는 그런 삶을 살아갈 수 있을까.

나는 그렇다고 했고 그는 아니라고 했다.

그래도 사랑하려고 발버둥 쳐보자. 사랑하려고 노력해보자.
사랑하는 삶을 살기 위해 내던져보자.

나의 말에 아무 대답이 없던 그의 얼굴에서,
예전의 나를 마주할 수 있었다.

아무도 없는 사막, 발이 푹푹 빠져 걸음걸음이 고달픈 그곳에서 가족을 업
고 달려야 하는 순간을, 지금 그는 건너고 있다.
순간순간 보이는 오아시스를 느낄 틈도 없는 그런 그의 상황들에 공감해
나도 모르게 눈물이 흘렀다.

달리고 또 달려도 끝이 보이지 않는 사막 한복판. 내리쬐는 뜨거운 햇볕에
살갗이 타듯 드러난 그의 심정이, 한편으로는 우리 엄마의 삶 같아서 나도
모르게 눈물이 났다.

눈물이 땅 끝에 스며든 그 순간, 그는 자신을 동정하지 말라며 자리를 박차고 일어났다.

그게 아니라는 말이 목구멍까지 나왔지만 어쩐지 돌아가는 그의 뒤를 잡을 수 없었다.

다음 날 저녁, 누군가 내 방문을 두들겼다.

그였다.

내가 해명할 틈도 없이 그는 나에게 말했다.

"나는 네 친구가 아냐. 사실 네 친구인 적도 없었어.

난 네 가이드야. 난 이때까지 하라르에서 널 도왔어.

그러니 돈을 줘. 10만 원을 줘."

그가 지금 거짓말을 하는 걸까. 아니면 이전에 했던 말과 행동들이 거짓인 걸까.

손발이 떨렸다. 문득 어떤 블로그에서 본 글이 떠올랐다. 하라르에서 영어를 잘하는 사람은 무조건 믿지 말라는 것이었다. 잠시만 시간을 달라 하고 방 안으로 들어가 떨리는 손으로 지갑을 뒤적였다. 곧 떠날 예정이었기에 10만 원이 없었다. 3만 원 정도를 꺼냈다.

그에게 돈을 던지며 말했다.

"네가 진짜 내 친구가 아니라면, 이 돈을 가지고 내 눈 앞에서 꺼져 줘. 더 이상 널 보고 싶지 않아. 이 나쁜 자식아. 만약 우리가 친구라면 이건 잊을 게. 그냥 돌아가고 우리 내일 웃는 얼굴로 보자. 차이 가게 앞에서."

그는 바닥에 떨어진 돈을 줍고는 날 쳐다보지도 않은 채,
처음 봤을 때 봤던 그 건들거리는 걸음으로 뒤돌아갔다.
지나치게 야윈 등을 보며 그래도 네가 원하는 삶을 살기를, 아니면 네 삶
을 사랑하기를.
그리고 나도 그럴 수 있기를 바라며 울부짖었다.

그날의 밤공기는 지나칠 만큼 차가웠다.
이제는 쉽게 마음을 주지 않겠다는 나의 다짐이 바람과 함께 가슴을 콕 찔
렀다.
마음속에 피어난 조그마한 염증이 온몸으로 파고들었다.

초승달 아래의 하바리

믿었던 사람을 잃는 것만큼 무기력해지는 순간은 없다.

사람들의 놀림과 언어의 장벽 속에서 버틸 수 있었던 것은 그래도 '너'라는 존재가 있었기에 가능한 것이었는데, 내가 생각한 '너'와 진짜 '너'는 너무도 달랐다. 아니, 어쩌면 '너'라는 존재는 같지만 네가 생각한 '나'가 다른 모습일 수도 있겠다.

침착하려 했지만 침착해지지 않고, 우울하지 않으려 했지만 그럴 수가 없었다.

너와 내가 함께했던 흔적을 쫓아갔다.

아침 일찍 일어나 거리에 쪼그려 앉아 차이를 마시고, 메디나 입구에서 파는 100원짜리 식사를 하면서 어제를 쫓았다.

어제의 그 소박한 일상 속 소박한 사람들을 다시 만나기 위해서 가냘픈 골목을 지나가 낯선 아이의 환대를 받고, 길을 따라 내려가면 언제부터 썼는지 모를 오래된 기름으로 튀긴 모든 군것질거리들을 사 먹으며, 다시 또 내려가 고무줄 놀이하는 여아들을 바라보고, 랭보의 집에서 해 질 녘을 마주한 후 길 여기저기서 파는, 그러나 맛만큼은 여느 카페 못지않은 길거리 가게 앞에 앉아 200원짜리 커피를 마신다.

마치 어제처럼.

그러나 혼자인 상태로.

나는 그 누구와도 말을 섞지 않았고, 섞고 싶지도 않았다.
내 아프리카의 마지막은 결국 이렇게 끝나는 구나. 이렇게 차가운 채로.

정처 없이 걷다 보니 하라르족이 모여 산다는 메디나 깊숙한 곳까지 들어
왔다. 그와 함께 있을 때 만났던 소녀들이 눈에 들어왔다. 눈이 마주쳐버
려 못내 인사를 하고는 다시 숙소로 돌아가기로 했다. 오늘은 그저 자야겠
다고 생각했다.

좁은 골목 앞에 어제 본 새초롬한 소녀가 있었다. 자두 같은 그 아이의 모
습에 넋을 잃고 바라보았기에 또렷이 생각이 났다. 아이는 포대기를 한 채
자신보다 더 작은 아이를 안고 있었다. 소녀의 동생인 걸까 아니면 소녀의
아이인 걸까. 소녀를 궁금해 하며 걷고 있는데 한 아이가 다가와 돈을 달
라고 손을 내민다. 참 지치는 동네구나, 이곳도.

그때 아이를 안은 그 소녀가 다가와 다른 아이에게 뭐라고 하니 그 아이가
손을 거두고는 다시 뒤돌아간다. 소녀는 어깨를 한번 으쓱한 채로 다시 제
갈 길을 간다. 걷다 보니 복잡한 메디나 속에서 나는 또 한 번 길을 잃어
버렸다. 무작정 소녀의 뒤를 쫓았다. 그런 나를 알았는지 한 손을 내밀어
붐비는 곳에서 나를 잡아 이끌었다. 너무도 작고 여윈 소녀는 아이가 무거
운지 오르막을 오르다 잠시 멈춰 나무 의자에 앉아 하늘을 본다. 나도 소
녀를 따라 앉았다. 딸이냐고, 아니면 동생이냐고 물었지만 당연히 알아듣
지 못하고 소녀는 웃음만 띤다.

가만히 소녀를 바라보았다. 열네댓쯤 되었을까. 야위고 작았지만 톡 튀어
나온 이마와 반짝이는 눈망울은 누구라도 그녀를 마음에 품을 만큼 예뻤
다. 그래, 아름답다는 표현보다는 야무지고 예쁘다는 표현이 맞겠다. 소녀
가 안고 있는 아이는 소녀처럼 반짝이는 눈을 가지고 있었다.

이름은 아이샤라 했다. 소녀가 걸친 천 조각으로 드러난 몸을 바라보았다.
여위고 작은 몸에서 툭하고 불거져 나와 있는 젖가슴이 모든 걸 말해 준
다. 소녀는 잠시 옷을 내리고 아이에게 젖을 먹인다. 햇살에 비친 그녀의
모습은 자못 아름다웠다. 어느새 아이는 그녀의 싱그러운 아름다움에 가
려져 보이지 않을 정도로.

다시 그녀와 함께 길을 걸었다. 내 손을 붙잡은 야윈 손이 어쩐지 든든하
게 느껴졌다. 아이들이 몰려와 양쪽으로 눈을 찢고는 나를 놀려댄다. 익숙
한 상황이지만 아이샤의 표정이 심상치 않다. 아이들을 향해 그 야무진 입
을 내밀더니 그들의 얼굴에 '퉤' 하고 침을 뱉는다.
그러고는 또 나를 보며 씩 웃는다.
나는 살짝 잡고 있던 그녀의 손을 꽉 쥐었다.

메디나를 벗어나 하라르의 신도시 쪽으로 가면 과일 셰이크를 파는 곳이
있다. 스쳐 지나가며 봤는데 내가 만약 친구와 함께였다면 그곳에 잠시 발
을 멈추고 들렀겠다 싶었다. 아이샤와 함께 그곳에 가고 싶어졌다. 메디나
입구가 보이자 이번엔 내가 아이샤의 손을 잡고 이끌었다.
우리는 거리가 보이는 자리에 나란히 앉아 과일 셰이크를 마셨다. 난 단번
에 후루룩 마셨지만 아이샤는 작은 숟가락으로 셰이크를 떠 아이에게 한
입 그리고 한참 바라보다 한 입 더 넣어 주고는 그제야 자신의 입에 한 숟

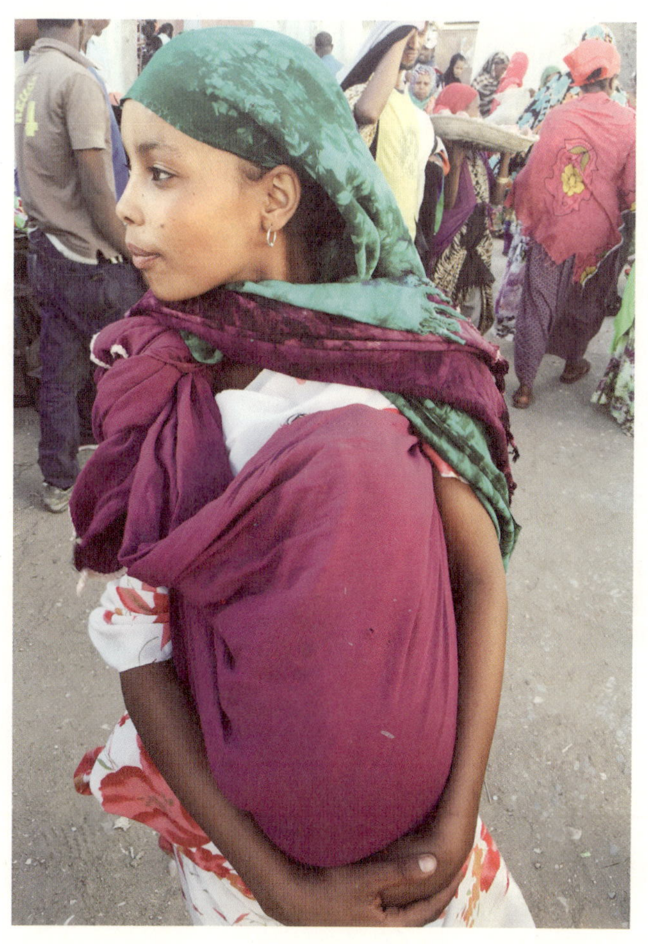

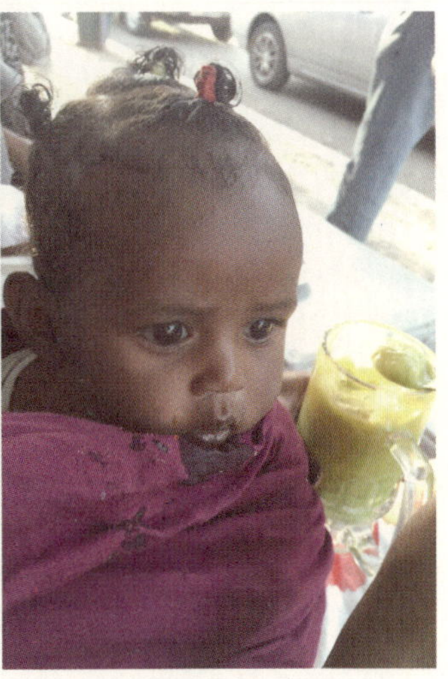

갈을 넣는다. 내가 다 먹고 한참 후에야 컵을 비운 아이샤는 나를 살짝 끌어안았다.

숙소로 돌아가지 않았다. 대신 아이샤의 손을 잡고 그녀의 집으로 향했다. 1시간쯤 걸었을까? 이런 곳이 하라르에 있었구나 싶을 정도로 낡은 동네가 나왔다. 우거진 수풀과 뜨문뜨문 지어져 있는 초가집들. 이곳에서 아이샤는 사는 구나. 내가 아이샤의 손을 잡고 오자 동네의 모든 아이들과 청년들이 함성을 지르며 쫓아왔다. 아이샤가 무어라 외치자 다들 순식간에 조용해진다.
아무래도 이 야무진 소녀는 보통내기가 아닌가 보다.

조금 더 가자 작은 집이 나왔다. 해가 지고 있었지만 지금 당장 돌아가고 싶진 않았다. 방 한 칸인 공간에는 열 명이 넘는 아이들과 나이든 노인 한 명이 앉아 있었다. 아이샤는 능숙한 손놀림으로 어질러진 집안을 치우더니 한쪽 구석에 두툼한 이불을 깐 후 나보고 앉으라는 시늉을 했다. 그러고는 안고 있던 아이를 잠시 나한테 맡겨 두고 어디론가 갔다.

그녀의 오빠와 동생으로 보이는 사람들이 나를 만져 보고 찔러 본다. 그 순수한 호기심에 피식 웃음을 지을 때 아이샤의 아이가 나의 옷에 설사를 쌌다. 날 위해 찐 옥수수를 가져온 아이샤는 당황한 듯 자신의 옷으로 내 옷에 묻은 오물들을 닦아냈다. 미안한 표정으로 옥수수를 내미는 아이샤를 보니 가슴이 뜨거웠다. 어느새 캄캄해져 불도 없는 이 집의 암흑은 미약한 달빛과 내 휴대폰의 빛만이 아이샤를 비추고 있었다.

나는 생각했다.

그 시절, 이 나이, 세상에 대한 분노로 가득 차 있던 너에 대해서.

그리고 나는 또 생각했다.

세상에 대한 분노를 가질 틈조차 없는 이 작은 소녀에 대해서.

얼다섯 아니면 얼넷, 한참 세계를 떠도는 꿈을 꾸던 내 나이.

무수히 많은 길 앞에서 고민하던 그때.

소녀에겐 어두컴컴한 암흑 속 한 길만이 있을 뿐이다.

날이 어두워 가야겠다는 시늉을 하자 아이샤와 다섯 명 정도가 함께 따라 나섰다. 가로등 하나 없는 길은 어두웠고, 우리는 달빛에 의지하며 1시간을 내리 걸어야 했다. 그리고 그들은 1시간을 또 걸어 돌아가야겠지.

달은 그녀처럼 새초롬하게 떠 있었다. 아이샤는 다시 한 번 내 손을 잡았다. 그렇게 한참을 걷자 이내 숙소가 보였다. 갈 때보다 훨씬 적은 시간이 걸린 듯했다. 문 앞에서 우리는 꽉 끌어안았다. 다시는 보지 못할 그 소녀가 돌아가는 길이 부디 꽃길이길 바라며 나는 돌아섰다.

달빛은 계속해서 그들을 내리쬐고, 아이샤는 나를 향해 크게 소리 쳤다.

"하바리(안녕)!"

가끔,

달빛이 내리쬐는 밤이면 몇 번이고 하바리라고 외치던

그녀의 탁한 목소리가,

달빛에 반짝이던 그녀의 야무진 얼굴이

눈앞에 아른거린다.

여행이
끝나다

조금 저렴한 가격의 숙소로 옮겼다. 돈이 얼마 남지 않았기 때문이다. 메디나 밖이었지만 원래 머물던 숙소보다 반이나 저렴한 곳인데, 꽤 만족스러웠다. 그곳에서 집으로 돌아가는 비행기 티켓을 샀다. 아디스아바바에서 집으로 떠나는 장시간의 비행기. 자고 일어나면 나는 아디스아바바로 향하는 버스를 타고, 그곳에서 또 며칠을 머물다 나의 나라로 돌아갈 것이다. 허탈했지만 내 세상으로 다시 돌아간다는 사실이 묘한 흥분을 만들어냈다.

옮긴 숙소는 단돈 2천 원이었는데 아프리카의 여느 외곽 지역들처럼 화장실이 불편했다. 몸을 씻기 위해서는 밤새 차가워진 물탱크 속의 물을 받아 바가지로 퍼서 몸 곳곳에 묻은 먼지를 닦아내야 했다. 이것도 마지막이고 아프리카에서만 할 수 있는 샤워라고 생각하니까 왠지 싫지는 않았다.

선잠이 들었다 깨기를 반복했다. 새벽 5시 버스를 타고 가려면 일찍 일어나야 했다. 앞으로 당분간은 저 찬란하게 빛나는 하늘의 별들을 보지 못할 거라고 생각하니 어쩐지 잠이 오지 않았다. 그렇게 누웠다가, 잠시 밖으로 나가 하늘을 봤다가 하니 어느덧 새벽 4시였다.

마지막으로 샤워를 해야겠다고 생각했다. 양동이 한가득 물을 받았다. 손을 넣어 보니 얼음장 같이 차가운 물의 온도 때문에 그나마 있던 잠도 싹 달아났다. 한 바가지를 퍼내서 몸에 끼얹었었더니 닭살이 오돌토돌 일어났다. 다리 전체에 퍼져 있는 지워지지 않는 빈대 자국을 때수건으로 박박 닦아냈다.

살이 아려왔다.

새벽 4시의 차가운 물을 한 번 더 끼얹었을 때 어쩐지 진짜 여행이 끝났구나 하는 생각이 들었다. 지독히도 동화 같은 이곳에서 현실로 가는 차가운 바람을 타고 둥둥 떠다니는 기분이었다.

씻고 나와 마지막으로 널어놓은 빨래를 걷으려 했지만 새벽바람의 찬 기운 탓인지 아니면 빨래를 짜는 내 손의 악력이 약한 탓인지 아직까지도 물기가 남아 있었다. 어쩔 수 없이 체온으로 말려야겠다고 생각하며 덜 마른 옷을 입었다. 몸이 또 한 번 서늘해졌다.

배낭을 메고 천천히 숙소를 나섰다. 친절한 주인아저씨는 아직 주무시려나. 주인 부부의 방에서 인기척이 들렸지만 인사는 하지 않고 나오기로 했다. 걸음걸음이 무거웠다. 버스 정류장까지 멍하니 하늘을 바라보며 걸었다. 아무 생각이 들지 않았다. 이른 해가 서서히 떠오르기 시작했다.

9시간의 버스 이동에서 먹을 500원어치 바나나를 사고, 배낭을 앞으로 멘 채 버스를 탔다. 떠오르는 해와 함께 버스도 출발했다. 눈을 감았다 뜨면 내 방일 것 같은 묘한 기분이 들었다.

귀에 이어폰을 꽂고 좁아서 다리가 저리는 버스의 창가 자리에 앉았다. 눈을 감고 창문에 머리를 기대었다. 그제야 그간의 기억들이 스치듯이 지나갔다.

정비되지 않은 도로를 달리는 버스는 계속해서 덜컹거렸다.

수많은 사람을 만나
그들을 사랑했고
그냥 스쳐 지나 보내기도 했으며
미워하기도 했다.

덜컹거리는 리듬에 맞추어 잠이 들었다.
꿈속에서의 나는 여전히 아프리카를 여행하고 있었다.

다시, 쉼표

◇

스튜 아버지

스튜의 아버님은 전쟁소설 작가님.
라이벌이다.

여행도 작은 전쟁이니까.

#남아공 #루스텐버그 #스튜네집

예술가

예술가가 모여 산다는 동네에 갔다.
그들이 그리고 만든 멋들어진 작품들보다
더 눈에 들어오는 아저씨의 머리.

"우와, 아저씨 머리 진짜예요?"

"그럼, 10년이 넘게 길러온 걸."

"이게 진짜 예술이에요!"

아마 이 아저씨의 머리는 나무의 뿌리와도 같아서,
그래서 그렇게 멋진 생각들이
뚝딱 하고 나오나 보다.

#모잠비크 #마푸투 #예술가_동네

◇　　　　　◇◇◇

간이 시장

허허벌판을 달리던 도로에 뜨문뜨문 집들이 보이기 시작하고, 점점 걸
어 다니는 사람들도 보이기 시작할 때쯤 버스는 한 번 멈추어 선다.

"피Pee 타임!"

화장실을 가는 시간인 것이다. 운이 좋으면 화장실이 있지만 대개는 그
냥 수풀. 여자들이 먼저 다녀온 후 남자들이 다녀온다.
서로 절대 창문 밖을 내다보지 않는다.
버스가 멈춰 있는 동안 한편에서는 피 타임이, 반대편 창밖에서는 간이
시장이 열린다.
그곳으로 고개를 돌린다.

높게 뻗은 손들이 붙잡고 있는 바가지 위로 옥수수도 있고 바나나도
있고 땅콩과 때로는 치킨까지. 나는 사람들이 얼마를 내는지 가만히 잘
지켜보다가 따라서 돈을 낸다.
가끔 거스름돈이 없을 때 큰돈을 내면 모르는 양 가려다가 다시 돌아
서서 거스름돈을 쥐어 주는 그들의 모습에,
땅콩 한 줌 더 쥐어 주는 그들의 모습에,

손을 내밀며 악수하는 거칠거칠한 그 손의 온도에,
그렇게 슬며시 아프리카에 녹아든다.

#모잠비크 #베이라 #화장실과_간이_시장_사이에서

뭐하는 곳일까

뭐하는 곳일까?
짐작을 할 수 없는 외형이 내 발길을 이끈다.

어두운 공간 속 작은 텔레비전과 낡은 나무 의자.
상영시간이 되면 동네 사람들이 몰려와 시끌벅적해지는 이곳.

#모잠비크 #베이라 #이곳은_영화관

◇◇◇◇
사실은

혼자 하는 여행에서 나오기 힘들 법한 멋들어진 사진을 찍어 보려
10초짜리 타이머를 맞춘 후 뛰어다니길
열두 번째.

드디어 한 장 건졌다.
숨이 찬다.

#모잠비크 #모잠비크_아일랜드

◇

카메라만 들면

카메라만 들면 저 멀리서부터 우당탕탕 달려오는 네 덕에,
하늘을 찍으려다가도 다시 카메라를 낮추고
네 모습을 담는다.

세상 어느 곳의 그 어떤 하늘도
네 미소보다는 아름답지 못할 테니까.

#모잠비크 #모잠비크_아일랜드

◇ ◇ ◇

멜로디

지금도, 그 순간 흘러나온 이 노래를 들으면
그곳의 냄새와 감촉, 사람들의 눈빛과 공기의 온도마저 생각나는데
네 작은 귀에 흐르던 그 멜로디는
아직 네 머릿속 어느 작은 곳을 흐르고 있을까.
그랬으면 좋겠다.
문득문득 나를 떠올리도록.

#모잠비크 #모잠비크_아일랜드

2천 원의 행복

아프리카라는 낯선 땅에 도착하기 전 가장 먼저 떠오르던 건 그들 머리에 튼튼하게 수놓아져 있던 땋은 머리였다.
남자든 여자든 아이든 어른이든 하나같이 같은 머리.

예전, 어느 나라를 여행할 때 1년 정도 여행을 다닌 일본인 여자 친구를 만난 적 있는데, 그 친구 머리는 고슴도치처럼 삐쭉삐쭉 튀어나와 있었다. 그녀는 미얀마에서 삭발을 했다고 한다.
한참 예쁘게 머리 기르는 걸 좋아하는 우리 나이에 짧은 머리를 놀리는 다른 여행자들 틈에 끼어서 그녀에게 물어봤다.

"왜 하필 대머리였어?"

"응? 그냥 멋있잖아! 어렸을 때부터 죽기 전에 해보자고 생각했거든. 지금 아니면 용기가 안 날 것 같아서 시원하게 밀었지."

죽기 전에 레게 머리랑 대머리는 꼭 해보고 죽겠다는 우스갯소리를 진짜 실천한 바보가 스물둘의 나에겐 너무 멋져 보였다. 그래서 이곳 아프리카에서 어느 나라를 가든 가장 먼저 해야 할 것은 레게였다. 허름

한 미용실에서든, 이곳에서 만난 친구의 집에서든, 길가의 간이 미용실
에서든.

갓 수놓은 레게 머리를 하고 밖으로 나가면 모두 내 머리를 쳐다보는
것만 같아.
이곳 사람들 그리고 여행자 누구든 내 머리를 보고 엄지를 척 하고 추
켜올릴 때마다 어깨가 으쓱해진다.

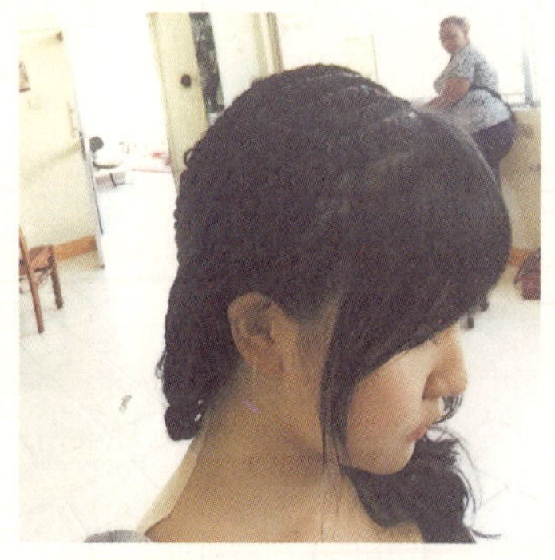

◇

네일아트

모시를 여행하는 여자 여행자들의 손가락과 발가락은 이상하게도 다들 비슷한 모양이다. 알고 봤더니 이곳에도 네일아트 숍이 있다는 것. 그러나 기대는 하지 말라고 했다.
다 떨어져 가는 슬리퍼를 끌고 친구들이 알려준 길목에 가니 목욕탕 의자가 즐비하게 놓인 간이 네일 숍이 차려져 있다.

낡은 슬리퍼와 그에 어울리는 지저분한 발, 때가 끼어 있는 부끄러운 발톱을 보이니 한참을 고민하다 진한 핑크색을 꺼내 드는 청년. 꽤나 섬세하다.
발톱에 남아 있는 그 서투른 흔적이 싫진 않아서 계속 남겨 두어야겠다고 생각했다.
그래서 문득문득 발을 볼 때마다 이곳을 떠올릴 수 있도록.
첫눈이 올 때까지 사라지지 않길 바라던 봉숭아물 손톱을 아끼던 그때가 생각나
괜히 발가락이 간지럽다.

#탄자니아 #모시

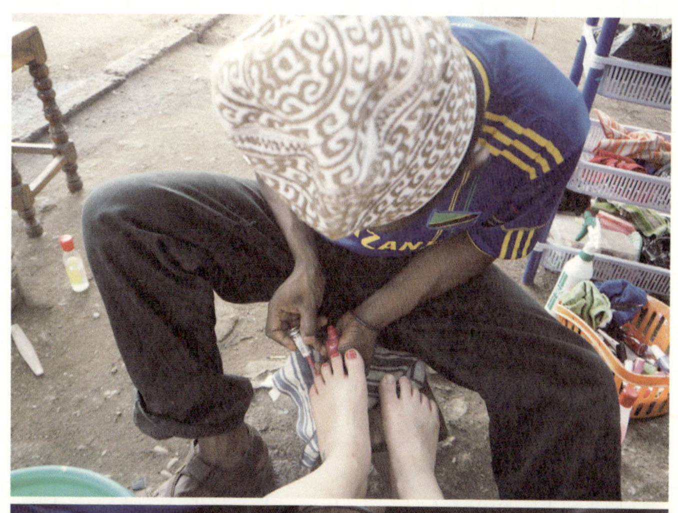

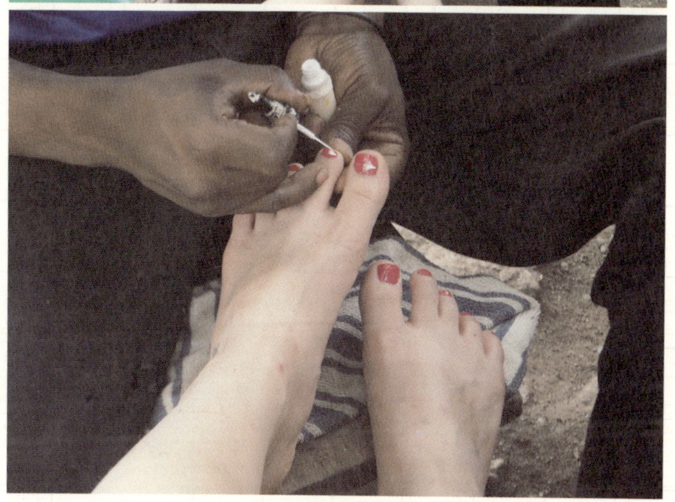

◇◇
소녀가 왈칵 눈물을 흘렸다

모시에서 더 들어가면 나오는 작은 시골 마을. 그곳에 살고 있는 또래 친구네서 하루를 머물게 됐다.

스물셋, 한국에서 떠나온 나와 스물셋, 이곳에서 자라온 그녀는 밤새 여느 스물셋처럼 수다를 떤다. 그녀는 나에게 왜 자신의 아버지는 짧은 치마를 못 입게 하는지 모르겠다고 투덜거리며 숨겨온 짧은 옷들을 보여 준다. 관심 있는 남자아이의 사진을 보여 주며 나의 평가를 기다리기도 하고, 내 사진첩 속의 한국을 궁금해 하기도 한다.

"선교사님이 보내 줘서 내 친구가 얼마 전에 한국에 갔는데, 대뜸 전화가 와서 엉엉 우는 거야. 실컷 울고 나서 말하더라고.

'있잖아, 나 지금 서울이야. 응, 한국에서 제일 큰 곳. 터져 나오는 눈물을 참을 수가 없어. 이곳에 오니 알겠어. 내가 살고 자라온 탄자니아는 너무 불쌍해. 있잖아, 우린, 너무 가난해…'

그러고는 계속 울더라고. 시내야, 나도 한국에 꼭 가볼 수 있겠지?"

잠시 찾아온 정적.

그러나 다시 스물셋처럼 그녀가 한국에 오면 같이 하게 될 것들을 번갈아 말하며 그렇게 밤을 지새워 갔다.

◇   ◇◇
신윤우, 시뉴뉴

거리를 걷다 익숙한 모습과 마주쳤다.
깨끗하게 다려진 하얀 와이셔츠 위에 '신윤우'라는 이름이
수놓아진 명찰.

한국의 교복이라는 말에 씩 웃다가 카메라를 보고는 잔뜩 진지한 척을
한다.
적힌 이름이 뭐냐고 물어보는 말에 "신윤우"라고 대답하니 어설프게
"시뉴뉴"라고 따라하는 모습이 꼭 열여섯이다. 우리 나이로는 열여덟쯤
되려나. 자신이 아프리카의 시뉴뉴라고 들뜨며 웃는 모습이 그 어느 신
윤우보다 참 말갛다.

#탄자니아 #모시

◇

뒷모습

가끔 생각한다.
남들이 보는 내 뒷모습은 어떻게 생겼을까.
초등학생 꼬마처럼 보일까 혹은 나이든 아줌마처럼 보일까.
또 아니면 스물셋의 여행자로 보일까.

40L 배낭과 작은 배낭을 앞뒤로 멘 내 뒷모습은 어쩌면 멋지지 않을까.

"내 뒷모습을 보면 어떤 생각이 들어?"

누군가 엄청 큰 가방을 멘 영락없는 초등학생이라고 대답한다.
기분이 상해 자신 있게 배낭을 메고 포즈를 취하며 사진을 찍어 달라
부탁한다.

영락없는
155cm,
초등학교 6학년쯤의 뒷모습이다.
여행을 하며 내 마음이 커가는 동안 내 키도 함께 컸다면
158cm쯤은 됐을 건데 말이야.

◇◇   ◇

에티오피아는 커피다

"아프리카를 다녀왔다는 애가 살이 빠지기는커녕 왜 이렇게 뒤룩뒤룩
살이 쪄 왔어?"

까맣게 탄 피부와 다리 군데군데에 물려 있는 빈대 자국을 보고, 마지
막에는 불어난 배와 터질 것 같은 볼을 보며 저마다 한마디씩 한다.

에티오피아 때문이에요.

아침에 일어나면 200원을 주고 직접 볶은 콩으로 우려내 주는 설탕 듬
뿍 마키아토 한 잔, 점심을 먹고 식당 옆 노점의 할머니가 우려내 주는
설탕 듬뿍 마키아토 한 잔, 잠이 오지 않는 저녁이면 숙소 아저씨가 우
려내 주는 달콤한 마키아토 한 잔을 마셔야 그날의 노고가 훌훌 털어
지는데, 어떻게 안 마실 수가 있겠어요.

1년간 카페 아르바이트를 해도 커피 맛을 잘 모르던 내가
시지 않고 고소하면서도 쓴 커피 맛과 사각사각 씹히는 설탕의 맛에
반해
한 모금이 두 모금 되고, 두 모금이 세 모금 되는데….

살찌는 걸 걱정할 틈 같은 건 없었단 말이에요.

◇◇◇

웃음값

마음에 드는 천을 골라 재봉틀 아저씨에게 내밀면 길고 네모난 천을
반으로 접어 목 부분을 잘라내고 재봉질을 슥슥 한다. 그리고 팔 부분
을 다시 잘라 재봉질을 하면 5분 만에 전통의상이 만들어진다. 1천 원
을 주고 산 천에 500원만 내면 완성되는 멋진 전통의상.

노란 빛깔의 예쁜 천을 사서 재봉틀 아저씨에게 가 예쁜 옷을 부탁한다.
글쎄, 다 만들고 남은 천이 족히 반 마는 되어 보인다.

재봉틀 아저씨는 왜 이렇게 조그마하냐며 웃음보가 터지더니 남은 천
으로 가방도 만들어 준다. 고마운 마음에 1천 원을 내미니 500원을 거
슬러 준다. 가방값이라고 말해도 단호하다. 웃음값이란다. 아저씨가 요
술처럼 뚝딱 만들어낸 옷을 입고 사이다 하나를 사서 아저씨에게 내민
다. 값을 지불해야 할 정도로 예쁜 웃음을 내보인다.

#에티오피아

◇

하라르에 가면 하이에나가 돌아다녀!

하라르에선 동네 개가 돌아다니는 것처럼 하이에나가 돌아다닌다는 이야기를 들었을 때, 그럼 킬리만자로에 가면 킬리만자로의 표범이 울고 있냐며 친구를 타박했다. 하라르에 가서 사람들에게 하이에나에 대해 물으니 다들 "아아, 하이에나. 우리의 친구지."라는 농담 아닌 농담을 한다.

하라르의 밤, 하이에나는 내 등으로 올라탔고 울부짖는 나를 보며 동네 사람들은 키득키득 웃었다. 한국으로 돌아와 마중을 나온 친구에게 말했다.

"야, 에티오피아에 가면 하이에나가 막 돌아다녀! 물지도 않아!"

친구는 대답한다.

"야, 우리 집에는 호랑이가 사는데 떡을 주면 잡아먹지도 않아!"

#에티오피아 #하라르 #하이에나가_나타났다!

✱ TRAVEL TIP

여행은 준비가 가장 중요한 법! 특히 아프리카 여행은 어느 지역보다 준비를 철저히 해가야 해요.

1. 시작은 자료 수집!

❶ 가이드북

▷『론리플래닛』

아프리카에서 만난 대부분의 여행자가 가지고 있던 책입니다. 안타깝게도 한글판이 존재하지 않아 영문판으로 봐야 합니다. 아주 두꺼운 책이기 때문에 e-book을 구입하여 노트북이나 휴대폰으로 보는 방법도 있어요.

▷『동 · 남 아프리카 여행백서』

사진과 지도를 참고하기에 좋아요. 『론리플래닛』과 병행하면 금상첨화! 동남 아프리카에 대한 가이드북이기 때문에 남아공부터 케냐까지만 기술되어 있고 에티오피아, 수단, 이집트에 대한 자료가 없어요.

❷ 여행 블로그 참고

▷ 씨앗노트의 세계 일주 blog.naver.com/qkrtn137

초저가 배낭여행 블로그. 루트가 비슷해서 여행 당시 가장 많이 참고했던 블로그이며 루트, 물가, 사기 등 자료들이 방대합니다. 매일의 여정을 일기 형식으로 기록한 블로그이고, 저비용 배낭 여행자에게 강력 추천!

▷ 우물 밖 KJ의 세계 일주 www.travelerkj.com

유명한 세계 여행자의 블로그. 정보 위주의 서술로 여행 준비하기에 적격이에요.

여성 여행자의 블로그. 정보가 비교적 최신이며 특히 숙소 추천이 유용합니다. 솔직한 글이 매력이죠. 다만 사진 없이 글만 있는 점은 아쉬운 점이에요.

❸ 기타 중요한 사이트

간과하고 지나칠 수 있지만 여행을 떠나기 전 가장 먼저 들어가서 공부해야 하는 외교부 사이트입니다. 어떤 지역이 위험한지, 가면 안 될지 판별해주죠. 아프리카 여행에 있어서 '위험지역'을 판별하는 것은 중요한 부분인데요, 때문에 외교부 사이트 탐방은 필수 중에 필수! 나라별 자세한 정보는 대사관 사이트를 참조하면 좋아요.

2. 루트 선정은 어떻게 해요?

우선 가면 안 되는 지역부터 먼저 파악해야 합니다. 앞서 말했던 외교부 해외 안전 여행 사이트에 들어가서 확인하도록 해요.

철수권고나 여행금지(리비아, 소말리아, 시리아, 예멘, 이라크) 지역은 절대적으로 빼야 합니다. 외교부에서 지정한 여행 위험 지역들만 빼더라도 루트를 정하기가 용이해요. 가지 말란 곳은 가지 않는 게 가장 좋겠죠?

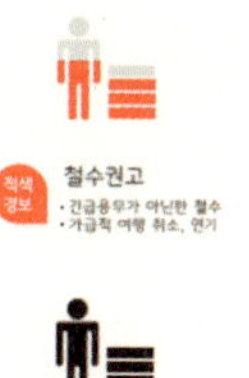

3. 국민 루트 따라 하기!

꿈의 루트 '케이프 투 카이로'. 아프리카 여행자들에게는 유명한 루트로 이집트, 수단, 에티오피아, 케냐, 탄자니아, 잠비아, 짐바브웨, 보츠와나, 나미비아, 남아공을 거치는 루트입니다. 이 루트만 따라 가면 수많은 여행자들을 만날 수 있어요. 남아공에서 이집트로 올라가는 루트보다 이집트에서 남아공으로 내려오는 루트를 추천! 여행자가 많을 뿐더러 위에서 아래로 내려오는 것이 비자를 받기에 훨씬 용이합니다.

4. 필수 예방접종

▷ 황열병(Yellow fever)

가봉, 가나, 감비아, 기니, 기니비사우, 나이지리아, 니제르, 라이베리아, 르완다, 말리, 모리타니아, 베냉, 부르키나파소, 부룬디, 상투메프린시페, 세네갈, 소말리아, 수단, 시에라리온, 앙골라, 에티오피아, 우간다, 중앙아프리카공화국, 적도기니, 카메룬, 케냐, 탄자니아, 토고, 콩고, 코트디부아르

위의 나라 중 한 곳이라도 간다면 반드시 맞아야 하는 예방접종입니다. 황열병 예방접종 인증서 없이는 입국조차 불가능하다는 사실! 국경을 넘을 때마다 검문소에서 확인하니 반드시 맞아야 해요.

*비용 : 2만 7천 원

*출국 10일 전 받아야 하며 사전 예약 필수, 여권과 인지 지참

▷ 말라리아(Malaria)

예방접종이 아니라 매일 약을 먹어야 하는 방식으로 부작용이 많아서 오히려 안 먹고 가는 사람도 많아요.

현지에 사는 선교사 혹은 교민들의 말로는 최대한 모기에 안 물리도록 예방하고, 증상이 나타나면 현지 병원에 가는 게 가장 좋은 방법이라고 합니다.

5. 여행자보험은 필수 of 필수

아프리카 여행뿐만 아니라 그 어디를 여행하더라도 필수로 가입해야 하는 여행자보험! 여행자보험과 함께라면 분실 & 도난에 보상받을 수 있음은 물론 병원 치료비도 청구할 수 있으니 부담이 줄어듭니다. 여행 전 반드시 가입하고 가도록 해요. 공항보다는 인터넷에서 가입하는 게 훨씬 저렴합니다.

추천 여행자보험

▷ 3달 이내의 단기 여행이라면? 현대해상 여행자보험 www.hi.co.kr

2달 이내의 여행은 2~3만 원 내외로 저렴하게 가입할 수 있을 뿐만 아니라 보상 또한 서류 제출 이후 5일 이내로 받아볼 수 있어 애용하고 있어요. 단점은 3개월까지기 때문에 그 이상 장기 여행을 계획하는 사람은 다시 재가입해야 하는 번거로움이 있습니다. 하지만 가격대비 만족스럽고, 휴대폰 애플리케이션을 통해서도 쉽게 가입이 가능해요.

어시스트카드 여행자보험 www.assistcard.co.kr

세계 일주 여행자 대부분이 택하는 여행자보험입니다. 가격은 타 여행사보다 비싼 편이지만 3개월 이상 플랜이 마련되어 있고, 다른 여행사처럼 보상금 지급이 추후에 지급되는 방식이 아니라 전화만 하면 병원 예약까지 다 해줄 정도로 제대로 된 보험 처리를 해주는 장점이 있어요.

6. 아프리카 배낭여행 짐 싸기

아프리카 배낭여행 준비물에 텐트를 추가하면 도시마다 있는 캠핑장에서 캠핑을 즐길 수 있어요. 아프리카 배낭여행은 캠핑여행이 유명하니 꼭 참고!
또한 아프리카 어디든 큰 도시에는 마트가 있기 때문에 샴푸, 린스 등의 세면도구를 구입할 수 있으니 걱정하지 마세요. 킬리만자로 트레킹 준비물은 현지에서 대여 가능하므로 입을 옷만 챙겨 가도 돼요. 아프리카라고 해도 밤에는 쌀쌀하니 바람막이 혹은 후드 필수!
배낭은 하나로 메는 것보다 중요한 물품을 담는 작은 배낭을 앞으로, 기타 부피가 큰 짐을 담을 것은 뒤로 메는 게 가장 좋아요. 안전성은 물론 무게가 분산되어 편리하죠.
가장 중요한 것은 바로 선크림! 아프리카 어디서나 선크림은 매우 비싸며 구하기도 쉽지 않아요. 넉넉히 챙겨 가서 피부를 보호하도록 해요.

7. 경비는 어떻게 들고 갈까?

많은 사람들이 물어보는 질문 중 하나입니다. 가장 중요한 건 1개월 이내의 여정이라면 현지 통화를 바로 환전(우대쿠폰을 이용하거나 중고나라 혹은 여행 카페에서 네이버 환율로 직거래하는 것이 가장 절약하는 방법)해 가도 되지만 장기 여행이라면 무조건 인출하고 비상금을 만드는 것도 옳은 선택이에요. 세계 어디에나 ATM기가 있기 때문에 각 나라별로 한 번씩 필요한 돈을 인출하는 게 좋아요. 또 중요한 건 분산, 분산, 분산! 인출을 위해서는 국제 카드 회사인 VISA, Master Card, Maestro 표시가 있는 카드를 챙겨 가야 하는데, ATM기별로 이용할 수 있는 카드 회사가 다를 수도 있으니 종류별로 2~3개 정도를 분산해 가요. 비상금 100달러를 몇 장 챙겨 가면 인출을 못할 경우 용이하게 쓰인답니다.

*ATM 복사 사기가 유행하고 있으니 은행이나 호텔, 공항 ATM기에서 인출하는 것을 추천

*실제 여행 시 VISA 체크카드, Master 체크카드, VISA 신용카드, 비상금 100달러(여행 전체 경비의 20~30%)를 챙겨 갔어요!

8. 한국과의 연락은?

데이터 로밍은 통신사마다 다르지만 대략 하루 9천 원이라는 엄청난 가격! 3~4일 정도의 짧은 여행이라면 괜찮지만 장기 여행이라면 현지 심 카드를 구입하는 것을 추천합니다. 휴대폰에 갈아 끼우기만 하면 저렴하게 인터넷을 이용할 수 있어요. 물가 비싼 유럽도 10유로 내외면 한 달을 넉넉히 쓸 수 있죠.

아프리카에서는 심 카드(1~2천 원)를 사고 바우처를 사서 충전해 나가는 방식이에요. 길 위의 작은 상점과 같이 어디서나 구입하고 충전할 수 있어요. 연락 걱정은 No, No! 또한 대부분의 숙소에는 와이파이가 있어 인터넷 사용도 가능해요.

다시, 시작

*
EPILOGUE

세상은 한 권의 책이다.
여행을 하지 않는 것은 그 책의 첫 장만을 읽는 것이다.

_ 성 아우구스티누스

그 책을 끝까지 읽어야겠다고 마음먹고 쓰리잡을 뛰던 스물하나.
그렇게 번 돈으로 세상 맛보기를 하고 온 스물둘.
검은 나라의 하얀 사람들을 만나고 온 스물셋.

이제 나라는 책은 몇 페이지쯤 될까. 300페이지짜리 책이라면 나의 책은 아마 23페이지쯤을 갓 넘겼을 것이다.

어쩌면 이 책 또한 여행기라기보다 나의 성장기일지도 모른다는 생각이 들었다.

글쎄, 떠나기 전과 달라진 게 있다면 내가 걷고 싶은 길에 한 발짝 더 나아갈 자신이 생겼다는 거. 곧고 바른 편한 길보다는 울퉁불퉁 돌멩이에 오르막길과 내리막길이 반복되는 길의 끝이 더 궁금해진 것. 더 부딪혀보고 무너져봐야 나는 그 속에서 실패를 딛는 법과 상처를 치유하는 법, 다시 단단하게 굳히는 법을 배워 나갈 것이다.

아프리카에서 만난 맑고 투명한 눈동자들, 덧붙여 탁한 빛의 눈동자들은 살아가는 내내 문득문득 내 머릿속에 나타나 가끔은 격려를, 때로는 위로를, 그리고 충고를 할 것이다.

언젠가 책의 마지막 페이지가 다가오기 전 나의 삶을 돌아봤을 때 상처투성이에 가끔은 페이지가 찢겨지고 여기저기 오타와 낙서가 보이는 책일지라도 서툰 글씨로 꼭꼭 눌러쓴 나의 삶에 떳떳하기를 바라며 다음 페이지를 넘겨본다.

두 달간
스물셋의 안시내를 빛내 주었던
모든 맑은 눈망울들에게
이 책을 바칩니다.

2015년 겨울

안 시 내

+++
SPECIAL
THANKS TO

이 프로젝트를 응원하신 모든 분들,
그리고 얼굴도 본 적 없는 한 청년의 도전을 후원한
200여 분들의 따스함이 아프리카의
어느 학교를 따뜻한 온도로 데울 거예요.
우리는 보다 따뜻한 세상을 위해 손잡고 걸었습니다.
손의 온기가 영원히 따스하게 남아 있기를 바랍니다.
함께해 주서서 정말로 감사합니다.

강경석, 강민정, 강석,
강예령, 강태현, 강효상,
고경수, 고민석, 고석준,
구동희, 구종회, 권준엽,
권준욱, 권지윤, 권태위,
김강, 김경남, 김근완,

김기범, 김다솜미,
김단비, 김도영, 김동성,
김동진, 김동형, 김민정,
김민준, 김병준, 김상윤,
김상현, 김선민, 김성일,
김성태, 김슬우, 김승은,

김승환, 김아람,
김아리나, 김안정, 김영현,
김완식, 김은영, 김은진,
김의진, 김주성, 김준,
김지영, 김지윤, 김진진,
김태완, 김한월, 김현민,

김현석, 김현정, 김현준,
김현진, 김형규, 김형철,
김혜란, 김효진, 김희수,
남궁완, 남기웅, 남슬비,
노동영, 문범식, 민동준,
민동철, 민소현, 박경민,

박민수, 박민희, 박선연,
박순숙, 박신혜, 박정미,
박준형, 박지수, 박지연,
박찬국, 박혜인, 박효정,
배소정, 배승아, 배영록,
배영훈, 배정환, 서병채,

서정건, 서현하, 선종현,
성기웅, 손영한, 송기훈,
송덕현, 송보혜, 송우진,
송유승, 송은정, 송현용,
송화진, 신동환, 신성모,
신우철, 신유라, 안다영,

안정민, 안주옥, 양슬기,
양승억, 양영준, 엄수용,
엄으뜸, 엄지수, 염혜지,
우민수, 우소진, 유인수,
유장용, 유지호, 유희경,
윤주한, 은주, 이경환,

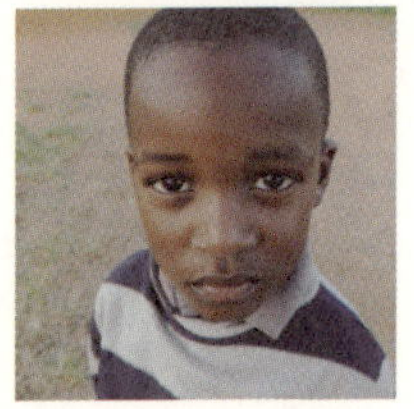

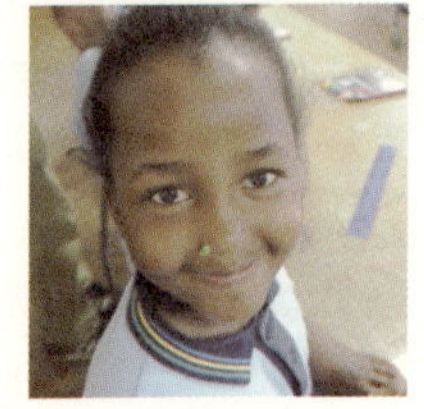

이기진, 이기창, 이나영,
이동현, 이민규, 이상엽,
이소연, 이슬빈, 이승원,
이승훈, 이우진, 이윤지,
이인재, 이재규, 이재인,
이재훈, 이정희, 이제윤,

이종헌, 이지영, 이진영,
이창재, 이채빈, 이한솔,
이한준, 이혜민, 이혜영,
이호원, 임기훈, 임미현,
임성혁, 임소연, 임수빈,
임은실, 임찬균, 임평화,

장민경, 장석찬, 장시은,
장영은, 장정빈, 재욱,
전다희, 전영기, 전율지,
전제일, 정세하, 정지선,
정현석, 정형욱, 정혜수,
정호진, 조준기, 주덕영,

지원, 차수인, 차은영,
최도희, 최민우, 최선규,
최수경, 최수현, 최연진,
최익환, 최정인, 하후남,
한예림, 한정아, 해원,
허성호, 홍성륜, 황준아

*
이 책의 인세는 세이브더칠드런을 통해
잠비아 루프완야마 지역 영유아 아동들의 더 나은 교육 환경을 위한
기초교육 지원 및 교육 시설물 지원사업에 전액 기부됩니다.

세이브더칠드런은 전 세계 118개 국가에서 아동의 권리를 실현하기 위해
인종, 종교, 정치적 이념을 초월하여 활동하는 국제구호개발 NGO입니다.
www.sc.or.kr